SCHÜLER-DUDEN
DUDEN
ÜBUNGSBÜCHER

SCHÜLER-
DUDEN
ÜBUNGSBÜCHER

Übungen zur deutschen Rechtschreibung I
Die Schreibung schwieriger Laute

Übungen zur deutschen Rechtschreibung II
Groß- und Kleinschreibung

Übungen zur deutschen Rechtschreibung III
Die Zeichensetzung

Übungen zur deutschen Sprache I
Grammatische Übungen

Übungen zur deutschen Sprache II
Übungen zum Wortschatz

Aufgaben zur Schulphysik
mit Lösungen

SCHÜLER-DUDEN

ÜBUNGSBÜCHER

Übungen zur deutschen Rechtschreibung III

Die Zeichensetzung
Regeln und Texte

von
Heinrich Wolf

DUDENVERLAG
Mannheim·Leipzig·Wien·Zürich

CIP-Kurztitelaufnahme der Deutschen Bibliothek

Übungen zur deutschen Rechtschreibung. –
Mannheim, Wien, Zürich: Bibliographisches
Institut.
    Früher u.d.T.: Duden „Übungen zur deutschen
Rechtschreibung".
3. Die Zeichensetzung: Regeln u. Texte / von
Heinrich Wolf. – 1980. (Schülerduden-Übungs-
bücher; Bd. 8)
    ISBN 3-411-01781-3

NE: Wolf, Heinrich [Bearb.]

© Bibliographisches Institut, Mannheim 1980
Satz: Klambt-Druck GmbH, Speyer
Druck: Zechnersche Buchdruckerei, Speyer
Bindearbeit: Progressdruck GmbH, Speyer
Printed in Germany
ISBN 3-411-01781-3

VORWORT

Zur Sicherheit im Schreiben, die heute in weiten Bereichen des beruflichen und öffentlichen Lebens gefordert wird, gehört auch die sichere Handhabung der Zeichensetzung. Ein falsch gesetztes Komma kann den Sinn eines Satzes verändern; zumindest stört es den glatten Ablauf des Lesens und erschwert damit die Verständigung zwischen Schreiber und Leser.

Deshalb ist dieses Übungsbuch für alle gedacht, die lernen wollen oder lernen müssen, die Satzzeichen richtig zu setzen. Es wendet sich zunächst an den Schüler, aber auch an jeden Erwachsenen, der sich weiterbilden und beruflich weiterkommen will.

Die Abfolge von Beispiel, Regel und Übungstext soll den Benutzer anregen, beim Üben mitzudenken. Er wird auch immer wieder veranlaßt, Sätze aus vorgegebenen Teilen selbst zu bilden und dabei die Satzzeichen richtig anzuwenden. So kann er seine Sicherheit nicht nur durch mechanisches Üben, sondern auch durch logisch-grammatische Gedankenarbeit gewinnen und festigen. Zur Anwendung des Gelernten wird zudem eine Reihe von abgeschlossenen Kurztexten geboten, die nicht nur der Selbstkontrolle dienen, sondern auch als Diktate im Unterricht geeignet sind.

Mannheim/Trebur, im März 1980

Wie man mit diesem Buch arbeiten kann

Grundsätzlich gibt es zwei Möglichkeiten:
1. Man kann das Buch von der ersten bis zur letzten Seite durcharbeiten.
2. Man kann mit Hilfe des Inhaltsverzeichnisses ein Thema herausgreifen und dieses besonders üben.

Wie arbeitet man im einzelnen?
1. Beginne jeden Arbeitsabschnitt mit den Beispielen, und versuche, aus ihnen die Regel zu erkennen und zu formulieren.
2. Vergleiche die selbst gefundene Regel mit der, die das Buch angibt. (Sinngemäße Übereinstimmung genügt.)
3. Nun arbeite die zur Regel gehörenden Übungen durch.
4. Prüfe anhand der Lösungen (ab S. 131), ob du alle Zeichen richtig gesetzt hast.
5. In den mehrfach eingestreuten Wiederholungsübungen werden die Zeichen nach Regeln gesetzt, die schon früher behandelt und geübt worden sind. Auch hierfür gibt der Lösungsteil die richtige Zeichensetzung an.
6. In den Ganzstücken (ab S. 114) kann das Gelernte im Zusammenhang eines Textes geübt werden. Setze alle Zeichen, und begründe sie nach den Regeln. Diese sind im Lösungsteil mit ihren Abschnittsnummern genannt und lassen sich darum leicht nachschlagen. Regeln, die man nicht beherrscht, müssen nochmals geübt werden.
7. Wenn man alle Übungen abschreibt, kann man die einzelnen Abschnitte mehrmals durcharbeiten und dadurch intensiver üben.

Eine sinnvolle Ergänzung zu diesem Übungsbuch ist das Duden-Taschenbuch 1: Komma, Punkt und alle anderen Satzzeichen.

INHALTSVERZEICHNIS

Beispiele, Regeln und Übungen

1 Der Punkt

1.1 Aussagesätze und Satzstücke

Beispiele

1. Der Unfall ereignete sich gegen 15.00 Uhr vor der Apotheke.
2. Die Unfallursache ist anscheinend noch nicht geklärt.
3. Ein Polizist fragte eine Frau, ob sie als Zeugin aussagen könne.
4. Völlig grundlos schrie sie, das sei ein unerhörtes Ansinnen.
5. Kennen Sie den genauen Unfallverlauf? Ungefähr.

Merke:

> Der Punkt steht nach Aussagesätzen (Bsp. 1–4) und nach Satzstücken (Bsp. 5).

1.2 Wunsch- und Befehlssätze

Beispiele

6. Schildern Sie bitte, was Sie sahen.
7. Vervollständigen Sie bitte die Skizze.

Merke:

> Der Punkt steht nach Wunsch- und Befehlssätzen, wenn sie ohne Nachdruck gesprochen sind. Vgl. 6.2.

1.3 Schlußpunkt und Abkürzungspunkt
Abkürzungspunkt und Komma

Beispiel

1. Der eine Fahrer kam aus Freiburg i. Br., der andre aus Friedrichsdorf i. Ts.

Merke:

> Steht eine Abkürzung mit Punkt am Satzende, wird nur e i n Punkt gesetzt.
> Das Komma steht nach dem Abkürzungspunkt.

Übung 1: Setze im folgenden Text die Punkte, und schreibe das darauf folgende Wort mit großem Anfangsbuchstaben.

Jörg stürzte mit seinem Fahrrad und schürfte sich das Knie auf die Bagatellverletzung heilte in wenigen Tagen dennoch ist Jörg einige Wochen später im Krankenhaus an dieser Verletzung gestorben, Tetanusbazillen waren in die Wunde gekommen diese gefährlichen Bazillen lauern überall Tetanusbazillen dringen durch die kleinste Wunde in den menschlichen Körper ein, und ist der Wundstarrkrampf erst einmal ausgebrochen, hilft auch eine schnelle Behandlung nicht mehr dabei brauchte es diese grausame Krankheit eigentlich gar nicht mehr zu geben die von Emil von Behring mitentwickelte Tetanusschutzimpfung ist gefahrlos und hat sich schon millionenfach bewährt
(Aus einer Anzeige der Behringwerke AG, Höchst, in der FAZ vom 29. Juni 1976.)

Übung 2: Verfahre wie bei Übung 1.
Die Bundesrepublik Deutschland feierte 1979 ihren dreißigsten Geburtstag das Grundgesetz wurde am 23. Mai 1949 verkündet am 14. August 1949 wählten die Bürger Westdeutschlands zum erstenmal den Bundestag dieser wählte im September 1949 Konrad Adenauer zum Bundeskanzler der erste Bundespräsident hieß Theodor Heuss die wenigsten Bürger wissen, was in unserer Verfassung steht nur ganz wenige haben sie gelesen oder gar durchgearbeitet der aufgeschlossene Bürger aber sollte die Verfassung seines Staates kennen der politisch wache Bürger wird an ihr alle politischen Vorgänge messen und Verfassungsnorm von Verfassungswirklichkeit unterscheiden lernen

1.4 Datumsangaben
Beispiele
1. Groß-Umstadt, den 2. März 1981
2. Wiesbaden, 3. Juli 1982
3. Aber: Mein Glückstag war der 15. September 1979.

Merke:

Der Punkt steht n i c h t nach selbständigen Datumsangaben.

Der Punkt steht aber, wenn das Datum zu einem Satz gehört (Bsp. 3).

1.5 Unterschrift und Schlußformel

Beispiele

1. Sonst gibt es nichts Neues.

Es grüßt Dich
Deine Cousine

2. Wir freuen uns, daß die Angelegenheit für beide Teile zufriedenstellend geregelt werden konnte.

Mit freundlichen Grüßen
ppa. Dr. Rosenroth

3. Aber: Ich freue mich auf unsre gemeinsamen Ferien und grüße Dich ganz herzlich.

Dein Peter

Merke:

K e i n Punkt steht nach Unterschrift und Schlußformel.

Der Punkt steht aber, wenn die Formel Teil des letzten Satzes ist (Bsp. 3).

1.6 Anschriften

Beispiele

1. Frau
   Anna Krughagen
   Albrechtstr. 4
   0000 Blumhagen

2. Herrn
   Adolf Seubert
   Am Blütenhang 2
   0000 Sonnenstadt

Merke:

K e i n Punkt steht nach der Anschrift.

1.7 Überschrift — Buchtitel — Betreffzeile

1. Progressive Jugend
   (Schüleraufsatz)
2. Steuervergünstigung für Schwerarbeiter
   (Schlagzeile)
3. In den Tropfsteinhöhlen der Alb
   (Buchtitel)
4. Reklamation
   Meine Bestellung vom 7. Dezember 1979
   (Betreffzeile)

Merke:

> K e i n Punkt steht
> nach der Überschrift
> nach dem Buch- oder Zeitungstitel
> nach der Betreffzeile.

1.8   **Satz im Satz**

    1. „Gibt's an Lichtmeß Sonnenschein, wird ein spätes Frühjahr
       sein", sagt die Wetterregel für den 2. Februar.

    2. „Leben und andre leben lassen" war sein Wahlspruch.

    3. Die Massenmedien – man versteht darunter Zeitungen,
       Zeitschriften, Fernsehen und Rundfunk – beeinflussen un-
       ser Denken.

Merke:

> K e i n Punkt steht nach Sätzen, wenn sie in einen anderen Satz
> eingefügt und damit Teil eines größeren Satzganzen sind.
> Vgl. 7.6 und 9.2.

Übung 3: Verfahre wie bei Übung 1 und Übung 2.

Franz Müller   Riesdorf, den 2. Juli 1980
Lautestr. 5
0000 Riesdorf

Herrn und Frau
Kali
Apfelstr. 5

0000 Dippdorf

Sehr geehrte Frau Kali,
sehr geehrter Herr Kali,
neulich besuchte unsre Arbeitsgruppe das Büro der CB-Mission in
Bensheim a d B wir alle waren tief beeindruckt von dem, was wir da
erfuhren bis zu diesem Besuch hatten wir alle gemeint, eine Mission
hätte außer ein paar frommen Sprüchen nichts zu bieten nun aber
wurden wir eines Besseren belehrt wir hörten, daß Ärztinnen und
Ärzte, Krankenschwestern und Krankenpfleger, Lehrerinnen und
Lehrer in der Mission tätig sind sie operieren Blinde und heilen von
Blindheit Bedrohte sie geben Hungernden zu essen und zu trinken
und behandeln Aussätzige Lehrerinnen und Lehrer unterrichten Er-

wachsene und Kinder und führen somit einen erfolgreichen Kampf gegen das Analphabetentum in der dritten Welt mit Autos und mit Omnibussen, die zu fahrenden Operationssälen umgebaut wurden, ja selbst mit Hubschraubern kommen sie zu abseits und allein wohnenden Menschen, um ihnen zu helfen die Leute der Mission arbeiten für einen geringen Lohn „Einer trage des andern Last" ist für sie verpflichtend aber ganz ohne Geld kommen auch sie nicht aus Medikamente und ärztliche Ausrüstung sind teuer und werden immer teurer deshalb frage ich Sie, ob Sie nicht einmalig oder auch regelmäßig eine finanzielle Spende an die CB-Mission überweisen wollen ich hoffe sehr, daß Sie es tun der kommende Missionssonntag möge Ihnen neben meinen Ausführungen Anlaß dafür sein

mit herzlichen Grüßen
Ihr Franz Müller

1.9 Aussparungen

Beispiele

1. Vollständiges Zitat:
   Da der Bundestag nicht das Recht hat, die Bundesminister zu wählen, ihrer Bestellung zuzustimmen oder sie abzulehnen, vermag er sie auch nicht abzusetzen (Theodor Eschenburg, Staat und Gesellschaft in Deutschland, Stuttgart 1956, S. 598).
   Gekürztes Zitat:
   Da der Bundestag nicht das Recht hat, die Bundesminister zu wählen . . ., vermag er sie auch nicht abzusetzen.
2. Vollständiges Zitat:
   Die Geschichte der europäischen Zivilisation, unsere Sprachen, unsere Literatur, unsere Kirchen, unsere Universitäten, ist eine Geschichte, die aus der Vielfalt ihrer Vermischung und aus gegenseitiger Berührung und Befruchtung entstanden ist (Bundeskanzler Helmut Schmidt, in: Politik und Kultur, Heft 6, 5. Jahrgang 1978, Colloquium Verlag, Berlin, S. 71).
   Gekürztes Zitat:
   Die Geschichte der europäischen Zivilisation . . . ist eine Geschichte, die . . . aus gegenseitiger Berührung und Befruchtung entstanden ist.
3. Wer andern eine Grube gräbt . . .
4. In Idstein i. Ts. . . .

Merke:

Wer zitiert, läßt oft absichtlich Teile des übernommenen Textes weg. An Stelle der weggelassenen Teile werden drei Punkte gesetzt.

Stehen die drei Punkte am Ende eines Satzes, ist der letzte zugleich Satzschlußpunkt (Bsp. 3).

Ein Abkürzungspunkt wird n i c h t in die Auslassungspunkte einbezogen (Bsp. 4).

Vgl. 8.2, S. 99 ff.

Übung 4: Spare in den folgenden Zitaten einen Teil aus. Es muß aber ein sinnvoller Satz erhalten bleiben.

1. Da wir Atome und Moleküle nicht sehen können, auch dann nicht, wenn wir eine Lupe oder ein Mikroskop benutzen, arbeitet man im Physikunterricht mit anschaulichen Modellen.

2. Eines der Bücher, die ich mir als Kind immer wieder vornahm und das mich jedesmal aus der ernsten Arbeitswelt der Schule in die heitere Welt der Ferien versetzte, war Jakobsons „Adamsohn".

3. An reifenden Kornähren findet man manchmal an Stelle des Korns ein hornartiges, schwarzes Gebilde, das Mutterkorn (Lange/Strauß/Dobers, Biologie 3, Hannover 1972, S. 53).

4. Opium, Morphium und Heroin sind Rauschgifte, die geraucht oder gespritzt werden und süchtig machen (Ebenda, S. 126).

5. Gregor Mendels Buch „Versuche über Pflanzenhybriden" wurde, wie auch sein Vortrag, den er über das gleiche Thema ein Jahr zuvor gehalten hatte, nicht beachtet, seine Ergebnisse wurden vergessen.

6. Dort, wo Aller und Ilse zusammenfließen, am Schnittpunkt der Salzstraße (von Lüneburg nach Braunschweig) mit der Kornstraße (von Magdeburg nach Celle) entwickelte sich seit dem 13. Jahrhundert die Stadt Gifhorn (Knaurs Kulturführer in Farbe, Deutschland, Droemersche Verlagsanstalt, Th. Knaur Nachf., München, Zürich 1976, S. 276).

7. Dick angekreuzt auf der Liste einer gesunden, schönheitsfördernden Diät, sozusagen mit einem Ausrufezeichen versehen, sind die Mineralstoffe (Die Küche der Schlanken und Schönen, Redaktion Essen und Trinken, Hamburg o. J., S. 33).

8. Die meisten Getränke haben Kalorien, die bei einer Diät unbedingt mitgezählt werden müssen und die schwer ins Gewicht fallen (Ebenda, S. 30).

9. Albert Weißgerber, der Bäcker- und Gastwirtssohn aus St. Ingbert im Saarland, ist als Meister impressionistischer Farbbeherrschung und Bildfügung in die neuzeitliche Geschichte der Malerei eingegangen. Er war in München der erste Präsident der Neuen Sezession (Bertelsmann Lesering, „Deutschland", Bertelsmann Vlg., Gütersloh 1960, S. 166).

10. Ich möchte Politik weniger dramatisch als das Verhalten definieren, durch das der Mensch im schöpferischen Umgang mit der Macht auf die Welt und die Geschichte zu wirken sich bemüht (Carlo Schmid, Politik und Geist, Stuttgart 1964, S. 139).

11. Der Widerspruch des Bundestages gegen entscheidende Gesetzesentwürfe, vor allem gegen internationale Verträge, kann die Regierungsfähigkeit des Bundeskabinetts stark beeinträchtigen, ja sogar zu Regierungskrisen Veranlassung geben (Theodor Eschenburg, Staat und Gesellschaft in Deutschland, Curt E. Schwab Verlag, Stuttgart 1956, S. 627).

12. Wer ist nach Steinbuchs Ansicht nun aber schuld an der vorgeblich maßlosen Information, wer ist schuld daran, daß wir angeblich längst nicht mehr Herr unsres eigenen Verstandes sind, weil wir offenbar nicht in der Lage sind, die uns in Fülle angebotenen Informationen selektiv und kritisch zu nutzen? (Dietrich Ratzke, Maßlos übertrieben, ein besonderes Beispiel für Kassandra-Literatur, in: FAZ, 21. November 1978, S. L 17).

13. Die vielgerühmte Bergstraße, die ihre Schönheit keineswegs nur im Blütenzauber des Frühlings entfaltet, ist überreich an geschichtlichen Geschehnissen und geschichtlichen Stätten (Bakkes/Feldtkeller, Kunstwanderungen in Hessen, Chr. Belser Verlag, Stuttgart, S. 451).

14. Die Mona Lisa ist im Vergleich zu anderen Frauen, die zur selben Zeit porträtiert wurden und die prächtig gekleidet und mit Schmuck fast überladen sind, von ausgezeichneter Einfachheit und Schlichtheit (Quelle unbekannt).

1.10 Der Punkt in Verbindung mit anderen Satzzeichen

2 Das Komma

2.1 Aufzählung

2.1.1 Beispiele

1. Zu Vaters 50. Geburtstag kamen Freunde, Nachbarn, Arbeitskollegen.
2. Sie schenkten ihm eine Pfeife, Schallplatten, Tonbänder, Bücher, Bilder.
3. Zum Kaffee gab es Erdbeertorte mit Schlagsahne, Käsekuchen, Nußkuchen.
4. Bier, Wein, Kognak und Whisky bekamen nur die Erwachsenen.

Merke:

> Das Komma steht zwischen den Gliedern einer Aufzählung.

2.1.2 Beispiele

5. Heimlich tranken wir Kinder alle Flaschen und Gläser leer.
6. Mein kleiner Bruder hatte danach entweder einen Schwips oder tat nur so.
7. Wir verbrachten den Tag sowohl im Zimmer als auch im Garten oder auf der Veranda.
8. An diesem Tag haben wir weder ferngesehen noch uns gelangweilt herumgedrückt.
9. Kinder wie Erwachsene hatten viel Spaß.

Merke:

> K e i n Komma steht, wenn die Glieder der Aufzählung durch eins der folgenden Bindewörter verbunden sind:
> und, oder, bzw.
> wie, sowie
> sowohl − als auch, weder − noch, entweder − oder

Übung 5: Ergänze die Sätze.

1. Hamburg . . . sind deutsche Nordseestädte.
2. Odenwald . . . gehören zu den deutschen Mittelgebirgen.
3. . . . sind Nebenflüsse des Rheins.
4. . . . sind Nebenflüsse der Donau.
5. Mont Blanc . . . sind die höchsten Berge der Alpen.

6. Wolga ... zählen zu den längsten Strömen Europas.
7. Bernhardiner ... sind Hunderassen.
8. Hunde ... sind Haustiere.
9. ... sind zur Zeit die bekanntesten Fußballer.
10. Von meinem Fenster aus sehe ich ...
11. Auf unsrer Straße höre ich ...
12. Auf dem Sportplatz höre ich ...
13. Auf dem Sportplatz sehe ich ...
14. Das Fernsehprogramm bietet ...

2.1.3 Beispiele

1. Ein gewagtes *politisches Experiment.*
2. Heute sahen wir einen spannenden *physikalischen Versuch.*
3. Mein Vater kaufte sich eine graue *schwenkbare Leselampe* (keine rote).
4. Mein Bruder kaufte sich eine zuverlässige, hochwertige *elektrische Uhr.*
5. Wir reisten in einem bequemen *englischen Düsenflugzeug.*
6. Die Firma Zander und Co. liefert:
   gute *dänische Butter*
   frische *holländische Eier*
   würzigen *westfälischen Schinken*
   gutes, süffiges *bayrisches Bier*
   leckeren *französischen Käse.*
7. Eine Vase mit langstieligen *roten Nelken.*

Merke:

> Kein Komma steht, wenn das letzte Eigenschaftswort mit dem Hauptwort einen Gesamtbegriff bildet.

Übung 6: Setze die Kommas.
1. Unsre Reise führte uns nach Zürich Luzern Mailand und Rom.
2. Überall wohnten wir in guten nicht zu teuren Hotels.
3. Alle Teilnehmer unsrer Reise waren interessierte unternehmungslustige fröhliche Menschen.
4. Unser Reiseführer war ein witziger schlagfertiger kluger Mann.
5. Wir besuchten Museen Theateraufführungen Sportveranstaltungen sowie Konzerte.
6. Wir sahen mächtige Dome überlebensgroße Statuen weltberühmte unvergeßliche Gemälde sowie reizvolle Landschaften.

7. In Florenz und Ravenna trafen wir Deutsche Engländer Holländer Franzosen Norweger Inder und Japaner.
8. Alles Schöne und Sehenswerte haben wir entweder gefilmt oder fotografiert.
9. Nur Peter hat weder gefilmt noch geknipst.
10. Er hat gemalt und gezeichnet bzw. skizziert.
11. Die Reiseteilnehmer sammelten Bierdeckel Briefmarken Ansichtskarten Streichholzschachteln sowie Blätter und Blüten fremder Pflanzen.
12. In den Souvenirläden fanden wir sowohl Gebrauchsgegenstände als auch Luxusartikel.
13. Unsren Verwandten Freunden und Bekannten kauften wir kunstvoll geschliffene Gläser feine Lederwaren Vasen Schmuck und geschmackvoll verzierte Feuerzeuge.
14. Auf unsrer Reise haben wir weder gefaulenzt noch uns übermäßig angestrengt.

2.2 Satzteile mit Bindewörtern (Konjunktionen)

2.2.1 Beispiele

1. Ich möchte etwas Kühles, aber kein Eis.
2. Er erledigte seine täglichen Aufgaben sehr gewissenhaft und sorgfältig, jedoch ohne innere Anteilnahme.
3. Henning ist nicht nur hochbegabt, sondern auch immens fleißig.
4. Seine beruflichen Aufgaben erledigt er teils aus Neigung, teils aus Pflichtbewußtsein.

Merke:

Das Komma trennt Satzteile ab, die durch eins der folgenden Bindewörter bzw. Bindewortpaare angeschlossen sind:

aber	doch	nämlich	bald − bald
allein	ebenso	sondern	einerseits − andrerseits
also	ferner	sonst	einesteils − andernteils
andernfalls	folglich	trotzdem	halb − halb
auch	geradezu	vielmehr	nicht nur − sondern auch
außerdem	gleichwohl	wenn auch	ob − ob
dafür	hingegen	zumal	teils − teils
dagegen	ja		zwar − aber
dennoch	jedoch		u. a.

2.2.2 Beispiele
    5. Friederike ist zuverlässiger als ihr Bruder.
    6. Der Kerl ist dumm wie Bohnenstroh.
    7. Alfred ist so klug wie redegewandt.
    8. Das Ergebnis ist besser als erwartet.
    Aber:
    Das Ergebnis ist besser, als wir es erwartet haben. (Hier folgt
    dem „als" ein ganzer Satz.)

Merke:

K e i n Komma steht vor
als
wie
so − wie
wenn sie Satzteile verbinden.

Übung 7: Setze die Kommas.
  1. Der Kerl ist dumm aber gerissen.
  2. Er sagte es halb scherzend halb im Ernst.
  3. Herr Schwab ist bald im westlichen Ausland bald im östlichen.
  4. Wir sehen uns noch diese Woche wieder andernfalls erst in
     einem halben Jahr.
  5. Er hatte mehr Glück als Verstand.
  6. Die Schuhe sind chic aber teuer.
  7. Sein übermäßiger Eifer hat ihm teils genützt teils geschadet.
  8. An vielen Tankstellen gibt es nicht nur Benzin und Öl sondern
     auch Reiseproviant.
  9. Seine gute Stellung verdankt er einesteils guten Beziehungen an-
     dernteils seinem Fleiß.
10. Er hat sich immerhin bemüht wenn auch erfolglos.
11. Birgit hat in Englisch eine Eins außerdem in Mathematik.
12. Familie N. ist andern Mietern gegenüber äußerst mißtrauisch
     allein völlig grundlos.
13. Fritz schießt häufig doch jedesmal am Tor vorbei.
14. Ob im Frühjahr ob im Herbst − immer sollten Sie an Ihre Ge-
     sundheit denken und eine Obstkur machen.
15. Einerseits trieben ihn seine häuslichen Verhältnisse andererseits
     seine Abenteuerlust in die Ferne.
16. Dreimal versuchte Frau Z. den Führerschein zu machen allein
     immer vergebens.

2.3 Anrede
Beispiele
1. Meine Damen und Herren, die Wahl ist gewonnen!
2. Diese Wahl haben wir gewonnen, meine Damen und Herren!
3. Für Ihre Unterstützung, verehrte Wähler, danken wir Ihnen.

Merke:

> Die Anrede wird vom übrigen Satz durch ein Komma getrennt.

Übung 8: Setze die Kommas.
1. Lieber Onkel vielmals danke ich dir für deine Hilfe.
2. Für deine Hilfe lieber Onkel danke ich dir vielmals.
3. Für deine Hilfe danke ich dir vielmals lieber Onkel.
4. Sehr geehrte Frau Gruber wir danken Ihnen für Ihre Einladung.
5. Ich bin krank Herr Schulz und bitte um eine Gefälligkeit.
6. Claudia du sollst nicht ständig Faxen machen.
7. Deine Aufsätze sind besser geworden Andreas.
8. Auf diese Leistung Wolfgang kannst du stolz sein.
9. Herr Müller darf ich mir einen von Ihren schönen Äpfeln nehmen?
10. Sie dürfen sie alle nehmen Herr Meier.
11. Was meinen Sie Herr Ackermann ob ich den Sprung wohl wagen kann?
12. Na mein lieber Rolf spielst du mal mit mir Golf?
13. Bedaure nein Herr Knorn ich stoß viel lieber ins Horn.

Wiederholung
1. Seine Kleider waren verschwunden und mit ihnen Brieftasche Geld Paß Notizbuch Schlüsselbund Füllfederhalter und Reiseschecks.
2. Unser Weg führte uns bald über freies Feld bald durch schattigen Wald.

2.4 Ausruf und Bekräftigung
2.4.1 Beispiele
1. Brr, ist das Wasser kalt!
2. Na, bist du nun endlich fertig?
3. Allerdings, das hat er gesagt.
4. Ich wollte nur das Schaufenster betrachten, weiter nichts.

Merke:

> Ausrufe sowie Wörter, die das Gesagte bekräftigen, werden durch ein Komma abgetrennt.

Übung 9: Setze die Kommas.
1. Das war unfair in der Tat.
2. Nein das kann ich nicht glauben.
3. Ach das hätte ich nicht gedacht.
4. Fürwahr das ist keine Heldentat gewesen.
5. Kurz und gut das kann ich nicht erlauben.
6. Wirklich ein solches Betragen hält man nicht für möglich.
7. Unmöglich das kann nicht wahr sein.
8. Sicher seinen Mut und seine Einsatzbereitschaft muß man loben.
9. Vor der Kündigung wollen wir ihn zweimal schriftlich mahnen aus Fairneß.
10. Nun ja man kann ja nochmals darüber sprechen.
11. Nein so hat sie es nicht gesagt.
12. Immerhin es gibt auch andre Meinungen.
13. Das ist ein guter Rat gewiß.

Wiederholung
1. Opel VW Ford Simca Peugeot sind bekannte westeuropäische Autofirmen.
2. Vergiß nicht BMW Mercedes Fiat Citroen.
3. Werner war Klassenbester in Mathematik dagegen eine Niete in Leichtathletik.

2.4.2 Beispiele
1. O du Ausgeburt der Hölle! (Goethe).
2. O schöner Tag . . .! (Schiller).
3. Ach du meine Güte!
4. Ei wie gut!
5. Ja zum Kuckuck!

Merke:

> K e i n Komma steht, wenn die Ausrufewörter mit anderen Wörtern zusammen den Ausruf bilden.

2.5 **Datum und Zeitangaben**
2.5.1 Beispiele
1. Groß-Umstadt, den 8. Dezember 19 . . .
2. Trebur, den 28. Januar 19 . . .

3. Kommen Sie bitte am Donnerstag, dem 15. August, abends 20 Uhr in meine Wohnung.
4. Der Mathematikwettbewerb beginnt am Freitag, dem 10. September, 9 Uhr in der alten Schule.
5. Unser Sportfest beginnt am Mittwoch, dem 11. Mai, morgens acht Uhr auf dem Sportplatz und dauert drei Tage.

Merke:

> Zwischen den Gliedern einer Zeitangabe – Wochentag, Monatstag, Uhrzeit – steht ein Komma;
> die dem Datum vorangestellte Ortsangabe gehört dabei mit zur Aufzählung, hinter dem Ortsnamen muß also ein Komma stehen.

2.5.2 Beispiele

6. Dein Brief kam a m Freitag, d e m 14. November, zurück.
7. Dein Brief kam a m Freitag, d e n 14. November zurück.
8. Wir treffen uns am Freitag, den 14. November, abends 20 Uhr im Gasthaus „Zum Körbchen".
9. Dein Brief kam Freitag, den 14. November[,] zurück.
10. Wir treffen uns Freitag, 14. November[,] noch einmal.

Merke:

> Steht bei dem Datum „am" und „dem", muß das zweite Komma stehen (Bsp. 6);
> steht „am" und „den", muß das zweite Komma wegfallen (Bsp. 7); das zweite Komma steht aber doch, wenn weitere Glieder einer Aufzählung folgen (Bsp. 8);
> steht nur „den" oder gar nichts (Bsp. 9 und 10), ist das zweite Komma freigestellt.

2.5.3 Beispiele

11. Wir sehen uns [am] Mittwoch um 15 Uhr.
12. Wir treffen uns am 27. Dezember gegen 18 Uhr.

Merke:

> Bei nur zwei Zeitangaben, die mit einer Präposition (einem Verhältniswort) verbunden sind, braucht k e i n Komma zu stehen.

Übung 10: Setze die Kommas.
1. Schleswig den 11. November 19...
2. Komm doch bitte am Sonntag um 15 Uhr zu mir.
3. Heute ist Freitag der 3. April 19...
4. Der Wetterbericht vom Montag dem 5. Mai lautet:...
5. Gern schicken wir Ihnen die Zeitung vom Samstag dem 19. Juni.
6. Das Konzert findet statt am Freitag dem 21. Juli abends 20 Uhr in der Beethovenhalle.
7. Montag den 18. Mai 14.15 Uhr beginnt das Ausscheidungsspiel.
8. Der Dieb wurde am letzten Donnerstag dem 15. September gegen 20 Uhr in der Dornheimer Str. verhaftet.
9. Das Urteil wird am kommenden Mittwoch dem 13. August gegen 17.00 Uhr erwartet.
10. Die beiden Staatsmänner treffen sich am Dienstag um 10 Uhr.
11. Ich erhielt dein Paket Freitag den 26. Juni.
12. Meine Tante kam am Freitag dem 26. Juli hier an.
13. Meine Eltern kamen am Samstag den 27. Juli an.
14. Mein Mann kam am Samstag dem 28. August 11.00 Uhr von seiner Geschäftsreise zurück.
15. Rottweil am 11. Oktober 19...
16. Groß-Umstadt im November 1980.

2.6 Wohnungsangaben

Beispiele
1. Herr Karl Müller, Rosenstr. 16, 4. Stock, 1234 Weinstadt, wird als Zeuge vor Gericht geladen.
2. Frau Franziska Nelkenblut aus 4321 Blumendorf, Seeweg 5, 2. Stock kann meine Aussagen bekräftigen.

Merke:

Die einzelnen Glieder (= Sinneinheiten) einer Wohnungsangabe werden durch Kommas getrennt.

Beachte:
Folgt die Wohnungsangabe dem Namen (der Person, der Firma usw.) unmittelbar, so steht vor und hinter dem letzten Glied ein Komma. (Bsp. 1. Die Wohnungsangabe ist nachgestellte nähere Bestimmung zum Namen.)
Sind dagegen die einzelnen Glieder mit einem Verhältniswort − in, aus, von u.a. − an den Namen angeschlossen, fällt das Komma vor dem ersten und nach dem letzten Glied weg. (Bsp. 2. Die Wohnungsangabe ist dann selbständige Aufzählung.)

Übung 11: Setze die Kommas.

1. Herr Dr. Kleinknecht hat seine Praxis nach 2045 Sumpfheim Fichtenweg 4 verlegt.
2. Herr Walter Rotfleck Mainzer Str. 2 5320 Seebach war der 1000. Besucher der Ausstellung.
3. Frau Elise Nagel Stiftsweg 5 2310 Baumhausen hat den besten Entwurf eingereicht.
4. Meine Eltern wohnten viele Jahre in Groß-Umstadt Raibacher Tal 57.
5. Herr Großmaul aus Winzigstadt Reitweg 17 wird den Vortrag halten.
6. Der Künstler stellt in 2000 Hamburg Wasserstr. 11 seine Werke aus.
7. Während unseres Urlaubs wohnen wir in 6111 Fischbachtal Breubergweg 5.
8. Herr Müller Holzweg 5 6097 Trebur hat sich um die freiwerdende Wohnung beworben.
9. Herr Helmut Leppa aus 6080 Groß-Gerau Kastanienallee 15 will in Wallerstädten ein Haus bauen.
10. Herr Nußbaum Kirschweg 13 6090 Rüsselsheim hat das Große Los gewonnen.
11. Die Firma „Klarsicht" Rheingoldstr. 18 6112 Heubach wird die Fenster meines Hauses erneuern.
12. Die Firma „Farb und Glanz" Fußballstr. 15 6100 Darmstadt hat mein Auto ausgebeult und neu lackiert.

Merke:

K e i n Komma steht bei Briefanschriften, also wenn die Wohnungsangaben zeilenweise abgesetzt sind. Vgl. 1.6.

2.7   Literaturangaben
2.7.1 Beispiele

1. Konrad Lorenz, Das sogenannte Böse, Wien 1963, S. 20
2. Hermann Hesse, Märchen, 2. Auflage, Frankfurt a. Main 1923, Fischer Bücherei, S. 5
3. Felix R. Paturi: Jahr 2000 − Wovon werden wir leben? In: Westermanns Monatshefte, Oktober 10/1977, S. 91 ff.
4. Rothemund, Eduard (Hrsg.): Das Goldene Geschichtenbuch, Reutlingen 1957, Ensslin und Laiblin Verlag, S. . . .
5. Hesse, Hermann, a.a.O.[,] S. 45

Merke:

> Literaturangaben sollen Verfasser, Titel des Buches bzw. der Zeitschrift, Ort und Jahr des Erscheinens und – wenn zitiert wird – auch die Seitenangabe enthalten. Bei noch lieferbaren Werken sollte auch der Verlag genannt werden.
> Das Komma trennt die einzelnen Angaben.
> (Der Verlag kann auch in Klammern gesetzt werden.)
> Steht der Familienname des Autors vor seinem Vornamen, wird zwischen beide ein Komma gesetzt (Bsp. 4 und 5).

Übung 12: Setze die Kommas.

1. Klaus Spranger Schläft der Hase mit offenen Augen? München 1971 Südwest Verlag S. 20
2. Bloch Ernst Prinzip Hoffnung Frankfurt am Main 1959 Suhrkamp Verlag S. 25
3. Ditfurth Hoimar von Kinder des Weltalls Hamburg 1970 Hofmann und Campe Verlag Büchergilde Gutenberg S. 43
4. Nichols Jack Phil Ich hab's gewagt Lili in „Das Beste aus Reader's Digest" April 1950 S. 18
5. Cousteau Das lebende Meer Köln 1964 Kiepenheuer und Witsch S. 56
6. Wilhelm Matull Große Deutsche aus Ostpreußen München o. J. Gräfe und Unzer Verlag.
7. Reichardt Hans Briefmarken ein Was-ist-was-Buch Hamburg 1973 Neuer Tessloff Verlag S. 28
8. Friedrich Dürrenmatt Zusammenhänge Essay über Israel Zürich 1976 Peter Schifferli Verlags AG Die Arche
9. Hans Erich Nossack Spirale Roman einer schlaflosen Nacht Frankfurt am Main 1972 Suhrkamp Taschenbuch Verlag
10. Leonhard Reinisch Permanente Revolution von Marx bis Marcuse München 1969 Verlag Georg D.W. Callwey
11. Popp Adelheid Jugend einer Arbeiterin Bonn-Bad Godesberg 1 1977 Verlag J.W. Dietz Nachf. GmbH
12. Die schönsten Geschichten von Max Dauthendey München 1949 Paul List Verlag S. 25
13. Antoine de Saint-Exupery Der kleine Prinz Düsseldorf o. J. Karl Rauch Verlag
14. Eberhard Horst Friedrich der Staufer eine Biographie Düsseldorf 1975 Claasen Verlag.
15. Elsa Sophia von Kamphoevener Der Zedernbaum Hamburg 1966 Christian Wegner Verlag.

2.7.2 Gesetze, Verordnungen und dergleichen
Beispiele
1. § 9 Abs. 5 Satz 2 des genannten Gesetzes.
2. Art. 6 GG

Merke:

> K e i n Komma steht bei Hinweisen auf Gesetze, Verordnungen
> usw.

2.8 Satzreihe (Satzverbindung)
2.8.1 Beispiele
1. Blitze zuckten, Donner rollten, Regen peitschte die Fenster.
2. Fritz kam zu spät, der Zug war bereits abgefahren.
3. Der Himmel glänzte, und voller Freude begannen wir unsere Wanderung.
4. Den ganzen Tag über waren dicke Schneeflocken dicht und unaufhörlich gefallen, gegen Abend aber setzte ein wildes Schneetreiben ein.
5. Beeil dich, oder der Bus fährt ohne dich ab!
6. Räum dein Zimmer auf, und bring dann das Paket zur Post!

Bei der Satzreihe, auch Satzverbindung genannt, sind Hauptsätze zu einem Satz aneinandergereiht.
Die Sätze können verbunden (Bsp. 3−6) oder unverbunden aufeinanderfolgen.
Imperativsätze gelten als Hauptsätze.

Merke:

> Das Komma steht zwischen den Sätzen einer Satzverbindung,
> auch wenn sie durch Bindewörter wie „und" und „oder" verbunden sind.
> (Zwischen den Hauptsätzen kann auch ein Strichpunkt [Semikolon] stehen, wenn das Komma zu schwach trennt.)

Übung 13: Setze die Kommas.
1. Der Abend funkelte über die Felder eine Reisekutsche fuhr rasch die glänzende Straße entlang der Staub wirbelte der Postillion blies hinten auf dem Wagentritte aber stand ein junger Bursche . . . (Eichendorff).

2. Die Kinder tobten der Hund bellte und der Kanarienvogel trillerte.
3. Der Rucksack war schwer aber der Knirps trug ihn.
4. Er war mit Geschmack gekleidet sein Gesicht war bleich und um seine Augen lagen tiefe Schatten.
5. Die Nacht war zeitig hereingebrochen der Himmel war düster und ich befand mich in einem fremden Wald.
6. Spann den Schirm auf es fängt an zu regnen.
7. Der Boden war von den Rädern der Traktoren aufgeweicht und von dem Gewitter am Vormittag waren noch Pfützen da.
8. Der Regen hatte aufgehört aber der Himmel war von schweren Wolken verhangen.
9. Mein Wanderkamerad erholte sich bald und wir konnten unsre Wanderung fortsetzen.
10. Sie hatte nichts gesehen aber sie hatte alles gehört.
11. Der Bundeskanzler hat keine Kommandogewalt über die Minister aber er hat einen Führungsanspruch ihnen gegenüber (Theodor Eschenburg, Staat und Gesellschaft in Deutschland, S. 736).
12. Demokratie und res publica laufen nicht von allein sie brauchen jeden von uns (Bundeskanzler Helmut Schmidt).
13. Dieses Gerangel um die Neubesetzung der Stelle sollte zwar geheim bleiben aber heute redet man doch überall davon.
14. Lach nicht mich stimmen diese Vorkommnisse traurig.

Hauptsätze können auf vielfache Weise als Satzreihe miteinander verbunden werden. Das geschieht durch **nebenordnende Konjunktionen** (Bindewörter) und bestimmte **Adverbien** (Umstandswörter). Der Unterschied zwischen diesen beiden Wortarten spielt für die Kommasetzung keine Rolle, er kann also hier unbeachtet bleiben. Häufig vorkommende Arten der Satzverbindung sind die folgenden:

a) a n r e i h e n d
Wälder spenden uns nicht nur Erholung, sondern sie regulieren auch Wasserhaushalt und Klima der Erde.

         auch, außerdem, desgleichen, ebenfalls, ferner, gleichfalls, insbesondere, und, und auch, und zwar, überdies, zudem;

         nicht nur – sondern auch, bald – bald, teils – teils, einesteils – andernteils, erstens – zweitens – drittens u.a.

b) b e g r ü n d e n d
Leider kann ich nicht zu dir kommen, denn ich muß mich auf meine
Prüfung vorbereiten.
Du kannst dich bedenkenlos von Herrn Müller beraten lassen, er ist
nämlich Fachmann auf diesem Gebiet.

denn, nämlich u.a.

c) f o l g e r n d
Die beiden Dreiecke stimmen in zwei Seiten und dem eingeschlosse-
nen Winkel überein, mithin sind sie kongruent.
Herbert will im Sommer nach Istanbul fahren, deswegen spart er all
sein Taschengeld.

also, daher, darum, demnach, deshalb, deswegen, folglich, mithin, somit, so u.a.

d) e n t g e g e n s t e l l e n d – e i n r ä u m e n d
Hans war zwar von seinen Eltern gewarnt worden, dennoch badete er
im eiskalten Wasser.
Ich will dir gern helfen, aber ich kann erst nächste Woche zu dir kommen.

aber, allein, dagegen, dennoch, doch, gleichwohl, hin-
gegen, indes, jedoch, nichtsdestoweniger, nur, sondern, trotzdem; entweder – oder, zwar – aber u.a.

Übung 14: Füge jedes der folgenden Satzpaare begründend, folgernd, entgegenstellend aneinander.
Beispiel:
Stephan besuchte einen Rotkreuzkurs.
Er kann [keine] Erste Hilfe leisten.
begründend: Stephan kann Erste Hilfe leisten, er besuchte nämlich
einen Rotkreuzkurs.
folgernd: St. besuchte einen Rotkreuzkurs, daher kann er Erste Hilfe
leisten.
entgegenstellend: St. besuchte einen Rotkreuzkurs, dennoch kann er
keine Erste Hilfe leisten.

1. Die Sonne scheint. Wir können [nicht] schwimmen gehen.
2. Wir haben ab Montag Urlaub. Wir können [nicht] abreisen.
3. Wir haben unsere Koffer gepackt. Wir können [nicht] in Urlaub
   fahren.

4. Ich habe mir Geld gespart. Ich kann mir kein/ein Transistorgerät kaufen.
5. Der Arzt hatte Mike gesund geschrieben. Er kann [nicht] wieder Fußball spielen.
6. Dieter befaßt sich seit einigen Wochen mit den Kommaregeln. Er kann sie [nicht].
7. Karl und ich waren den ganzen Tag im Freien. Wir sind [nicht] braungebrannt.
8. Klaus übte mit seinem Freund, geometrische Körper zu berechnen. Er kann das [nicht].
9. Edwin übte fleißig die Grätsche übers Pferd. Sie gelingt ihm [immer noch nicht].
10. Herbert pflegt sein Fahrrad. Es läuft gut/schlecht und rostet [nicht].
11. Karin kann [nicht] zur Arbeit kommen. Sie leidet an Kopfschmerzen.
12. Norbert konnte das Buch nicht kaufen. Er hatte [kein] Geld.
13. Ich kann heute [nicht] schreiben. Ich habe einen kranken Finger.
14. Roland kann [nicht] mitturnen. Er hat sich den Fuß verstaucht.
15. Anni konnte ihrem Freund [nicht] helfen. Sie mußte ihre kranke Großmutter besuchen.

2.8.2 Besondere Form der Satzreihe

Beispiele
1. Er spielt und er spielt.
2. Hör zu und denke nach!
3. Schläfst du oder rechnest du?
4. Zur gleichen Zeit ruft der Chef und klingelt das Telefon.
5. Der Zug auf Gleis 1 fährt nach Hamburg und der auf Gleis 2 nach Kassel.
6. Bernd macht Urlaub in Frankreich und Thomas in Spanien.
7. Silvia besucht den Kurs Maschinenschreiben und ihre Schwester den Stenografiekurs.
8. Wandergruppe A trifft sich am Sportplatz und Wandergruppe B am Denkmal.
9. Ulla zählt und Kerstin ordnet die Bücher.
10. Lilian spielt Tennis oder läuft am Strand.

Merke:

> K e i n Komma steht
> bei kurzen, eng zusammengehörenden Hauptsätzen (Bsp.
> 1−3);
> wenn die Sätze durch „und" oder „oder" verbunden sind und
> ein Satzglied gemeinsam haben (Bsp. 4−10).

Übung 15: Forme die Sätze 5−10 so um, daß ein Komma gesetzt werden muß.
Bsp.: Silvia besucht den Kurs Maschinenschreiben und ihre Schwester den Stenografiekurs.
Silvia besucht den Kurs Maschinenschreiben, und ihre Schwester besucht den Stenografiekurs.

Übung 16: Setze die Kommas.
Umweltschutz
  1. Immer dringlicher wird heute auf den Schutz unsrer Umwelt hingewiesen denn der Mensch verunreinigt und vergiftet immer mehr die Natur und damit sich selbst.
  2. An der Umweltverschmutzung sind wir mehr oder weniger alle beteiligt doch die Industrie ist am meisten daran schuld denn Tag für Tag leitet sie giftige Abwässer in die Flüsse und bläst giftige Gase in die Luft.
  3. Der Rhein war vor Jahren noch ein sauberes Gewässer doch heute ist er der größte Abwasserkanal Europas.
  4. Teure und komplizierte Kläranlagen reinigen zwar die Abwässer dennoch werden unsre Flüsse und Seen immer mehr zu Kloaken.
  5. In unseren Gewässern können kaum noch Fische leben denn der Gehalt an Giftstoffen steigt und der Sauerstoffgehalt sinkt.
  6. Neben giftigen Abwässern fließen täglich Unmengen Öl in die Flüsse und ins Meer folglich wächst die tödliche Gefahr der Ölpest immer mehr.
  7. Schon viele Gewässer sind ölverpestet deswegen müssen Tausende von Fischen und Seevögeln elend sterben.
  8. Sauberes Wasser ist für Pflanzen Tiere und Menschen lebensnotwendig aber auch saubere Luft brauchen wir.
  9. Doch unsere Luft wird hoffnungslos verschmutzt denn viele Millionen Tonnen Staub und Giftgase werden in der Bundesrepublik Deutschland jährlich in die Luft geblasen.

10. Neben der Industrie sind viele private Haushaltungen sowie die Autos und Motorräder an der Luftverschmutzung schuld denn auch sie stoßen eine Unmenge Gift und Schmutz aus.
11. Durch die Auspuffgase der Autos und Motorräder steigt der Bleigehalt der Luft darum muß der Bleigehalt des Benzins gesenkt werden.
12. An jedem Schlot an jedem Kamin und an jedem Auspuffrohr sollte ein Abgasfilter angebracht sein denn nur so kann der Monoxidgehalt der Luft vermindert werden.
13. Ein anderes Problem für uns ist der Müll denn wir wissen bald nicht mehr wohin damit.
14. Der Müll nimmt immer mehr zu deswegen sollen Einwegflaschen verschwinden und es dürfte nur noch leicht zu vernichtendes Verpackungsmaterial verwendet werden.
15. Überall findet man heute Papierkörbe und jede Gemeinde hat ihre Müllabfuhr dennoch kippen rücksichtslose Zeitgenossen immer wieder ihren Müll neben öffentliche Wege oder in den Wald.
16. Aber auch unser Wald muß geschützt und erhalten werden denn sonst versteppt und versandet unser Land.
17. Der Wald speichert Wasser gibt frische Luft und Erholung deshalb müssen wir ihn sauberhalten pflegen und schützen.
18. Ohne Luft Wasser und Wald können wir nicht leben trotzdem gehen wir oft sehr sorglos damit um.
19. Über den Umweltschutz müssen wir uns alle Gedanken machen denn die Verschmutzung unsrer Umwelt kann uns eines Tages unsre Gesundheit und unser Leben kosten.

2.8.3 **Schaltsätze**

Beispiele
1. Gestern abend, wir hatten gerade Abendbrot gegessen, kam Tante Dina.
2. Der Fremde, ich erinnere mich gut daran, sprach mit französischem Akzent.

Merke:

> Eingeschobene Sätze (Schaltsätze) werden durch Kommas eingeschlossen. Vgl. 7.6 und 9.2.

Übung 17: Setze die Kommas.

1. Die Mondfahrten der Astronauten sie gehören zu den kühnsten Taten der Menschheit sind fast schon vergessen.
2. Der neue Autotyp ich bin gestern damit gefahren bleibt weit hinter meinen Erwartungen zurück.
3. Mein neues Hemd ich habe es in einem der besten Geschäfte gekauft ist schon bei der ersten Wäsche eingelaufen.
4. Edison das wissen Sie vom Physikunterricht oder von Kreuzworträtseln ist der Erfinder der Glühbirne.
5. Der höchste Berg Europas sein Name ist Ihnen sicher bekannt ist 4000 Meter hoch.
6. Die Hauptstadt Schottlands sie zählt für mich zu den schönsten Städten Europas heißt Edinburgh.
7. Der Wal Kreuzworträtsel fragen immer wieder danach ist ein Säugetier des Meeres.
8. Die Sonnenblume ihr Same wird als Futter von Vögeln sehr begehrt ist ein Korbblütler.
9. Kaiser Friedrich Barbarossa er war eine mächtige aber auch tragische Herrscherpersönlichkeit des Mittelalters gehörte zum Geschlecht der Hohenstaufen.
10. Adolf Hitler er hat wie kein anderer Deutschlands Namen und Ansehen geschändet endete 1945 durch Selbstmord.
11. Das Sternbild der ,,Große Wagen" es ist wohl das bekannteste Sternbild weist mit seiner ,,Hinterachse" zum Polarstern.
12. Die Städte Flanderns sie sind Kleinodien europäischer Städtebaukunst zeugen von dem einstigen wirtschaftlichen Wohlstand und dem Kunstsinn der Flamen.

2.9 Haupt- und Gliedsatz
Das Satzgefüge
2.9.1 Beispiele

1. Man trifft leider immer wieder auf Menschen, d i e eine gespaltene Zunge haben.
2. Hunde, d i e bellen, beißen nicht.
3. Der Knabe hielt eine Stange in der Hand, an d e r bunte Bänder flatterten.

4. Von Zeit zu Zeit werden die Verkehrszeichen gereinigt, d a m i t sie wieder gut zu erkennen sind.
5. Er fuhr, o b w o h l die Straße naß und glatt war, mit unverminderter Geschwindigkeit.

6. W e i l in jedem Augenblick eine Gefahr auftauchen kann, muß der fahrende Verkehrsteilnehmer stets bremsbereit sein.

7. Ich weiß nicht, w e s h a l b sie nicht mehr die Tanzstunde besucht.

8. Er hatte keine Ahnung, w a n n er sich melden sollte.

9. O b Eva zu ihrem Kostüm die passenden Schuhe bekommt, ist fraglich.

10. Zwei Hauptsätze: Mariechen kann keine Hausaufgaben machen, d e n n ihr Bruder bläst im Nebenzimmer Trompete.
    Haupt- und Gliedsatz: Mariechen kann keine Hausaufgaben machen, w e i l ihr Bruder im Nebenzimmer Trompete bläst.

Hat ein Hauptsatz einen oder mehrere Gliedsätze bei sich, spricht man von einem Satzgefüge. Vgl. 2.10.

Ein Gliedsatz entsteht, wenn sich ein Satzglied (Subjekt, Objekt, Adverbialbestimmung) oder ein Attribut zu einem Satz entfaltet. Gliedsätze bleiben Satzglieder; sie sind aber zugleich Sätze, weil sie Subjekt und Prädikat haben. Sie bilden mit dem Hauptsatz das Satzgefüge. In der Regel steht im Gliedsatz das Verb oder das Hilfsverb am Ende; vgl. Beispiel 10. Der Gliedsatz selbst kann am Anfang, in der Mitte oder am Ende des Satzgefüges stehen.

Man kann die Gliedsätze wie die Satzglieder erfragen und bestimmen. Danach gibt es Subjektsätze, Objektsätze, Attributsätze und Adverbialsätze.

Eine andere Einteilung, die für die Zeichensetzung bedeutsamer ist, ergibt sich durch das Wort, mit dem sie e i n g e l e i t e t werden:

Relativsätze   : Beispiele 1−3 (Vgl. 2.9.2, S. 34.)
Konjunktionalsätze : Beispiele 4−6 (Vgl. 2.9.3, S. 37.)
Interrogativsätze   : Beispiele 7−9 (Vgl. S. 2.9.4, S. 39.)

Merke:

Haupt- und Gliedsatz werden durch ein Komma getrennt. Der in den Hauptsatz eingeschobene Gliedsatz wird in Kommas eingeschlossen.

2.9.2 Der Relativsatz

(Attributsatz, Beifügungssatz, Bezugswortsatz)
Der Relativsatz wird in den meisten Fällen durch ein Relativpronomen eingeleitet.

Relativpronomen sind: der − die − das
welcher − welche − welches

Beispiele
1. Der Edelfalke, d e r Krähen und andre Vögel jagt, schlägt
seine Beute im Flug.
2. Der Turmfalke, d e s s e n Gefieder rotbraun ist, ist der häu-
figste Falke unsrer Heimat.
3. Der Eichelhäher, d e m Raupen und andere Kleintiere zur
Nahrung dienen, frißt auch die Eiablage der Ringelspinne
und anderer Baumschädlinge.
4. Der Eichelhäher, d e n wir an den weißblauen Flügelfedern
erkennen, lebt in den Baumwipfeln.

5. Die Dinosaurier, d i e lange vor dem Menschen auf der Erde lebten, beherrschten sie etwa 120 Millionen Jahre lang.
6. Die Dinosaurier, d e r e n Körper durch Skelettfunde rekon-
struiert werden können, waren teilweise so groß wie Wald-
bäume.
7. Die Dinosaurier, unter d e n e n es Fleisch- und Pflanzen-
fresser gab, erlebten die Erde als tropisches Paradies.
8. Die Dinosaurier, d i e 120 Millionen Jahre die Erde beherrschten, starben mit dem Aufkommen der Säugetiere
aus.

Das deklinierte (gebeugte) Relativpronomen

	Singular			Plural
Nom.:	der	die	das	die
Gen.:	dessen	deren	dessen	deren
Dat.:	dem	der	dem	denen
Akk.:	den	die	den	die

Übung 18: Setze die Kommas.
1. Der deutsche Lehrer Philipp Reis der 1834 in Gelnhausen geboren wurde erfand um 1860 das Telefon.
2. Im Jahre 1861 führte er in Frankfurt a.M. eine „künstliche Hör-
und Sprechvorrichtung" vor die in ihren Grundzügen bereits die
wichtigsten Eigenschaften des heutigen Fernsprechers aufwies.

3. Reis der wegen seiner Armut seine Erfindung nicht ausbauen konnte hat mit ihr den Menschen ein Geschenk gemacht das heute nicht mehr wegzudenken ist.

4. Der Amerikaner Graham Bell baute 16 Jahre später das erste Telefon das sich praktisch verwenden ließ.

5. Das erste Ferngespräch das über viele Kilometer ging führten zwei Menschen von denen sich der eine in Berlin der andere in Hildesheim befand.

6. Die ersten Telefone bestanden aus einem großen Holzkasten der in Reichhöhe an der Wand hing.

7. Mit der Kurbel die sich an seiner rechten Seite befand läutete man das Amt an das die Verbindung mit dem gewünschten Teilnehmer herstellte.

8. Während des Telefonats hielt man sich einen Trichter ans Ohr der den Hörmagneten enthielt.

9. Man sprach in einen Trichter in dem sich das Mikrofon befand.

10. Heutzutage werden Anlagen verwendet durch die sich jeder Teilnehmer mit dem andern selbst verbindet.

11. Bei den heutigen Apparaten die in einem gefälligen Kunststoffgehäuse untergebracht sind vertritt die Wählerscheibe die Kurbel.

12. Sie enthält am Rande zehn Löcher unter denen die Ziffern 1 bis 0 geschrieben stehen.

13. Der Hörer der den eigentlichen Hörer und das Mikrofon enthält ist durch eine spiralig gewundene Schnur mit dem Apparat verbunden.

14. Er liegt auf einer Halterung die beim Abnehmen des Hörers leicht in die Höhe springt.

15. Das Mikrofon besteht aus mehreren Kapseln die mit Kohlekörnern gefüllt sind.

16. Durch die Stromstöße die beim Sprechen entstehen wird die Membrane in der Hörmuschel des Gesprächspartners in Schwingungen versetzt die auf die umgebende Luft übertragen und vom Ohr als Laute vernommen werden.

17. In den gelb eingebundenen Fernsprechbüchern die die Rufnummern aller Fernsprechteilnehmer enthalten finden wir auf den ersten Seiten die Nummern für die Notrufe.

Übung 19: Bilde aus den eingeklammerten Sätzen Relativsätze, und setze sie an die richtige Stelle.

Beispiel:
Die Berberitze ist ein beliebter Zierstrauch. (Ihr Laub färbt sich im Herbst rot.)
Die Berberitze, deren Laub sich im Herbst rot färbt, ist ein beliebter Zierstrauch.

1. Einem Bericht über die Lappen entnehmen wir: (Wir fanden ihn in einem Erdkundebuch.)
2. Die Lappen nennen sich selbst Saamer. (Ihre Heimat ist das nördliche Skandinavien.)
3. Die Lappen sind heute größtenteils seßhaft. (Sie waren früher Nomaden.)
4. Die Lappen waren früher Nomaden. (Sie sind heute Fischer Bauern und Jäger.)
5. Die Wanderlappen ziehen im Frühjahr ins Gebirge im Herbst in die Täler. (Ihre Herden sind oft tausend und mehr Tiere stark.)
6. Die seßhaften Lappen wohnen in Erdhütten oder kleinen Holzhäusern. (Ihre Einrichtung gleicht noch sehr der des Zeltes.) (Dieses haben ihre Vorfahren einst auf ihren Wanderungen aufgeschlagen.)
7. Alle wohnen in einem Raum. (Sein Boden ist mit einer Schicht Weidenzweige bedeckt.) (Auf diese läßt man sich nieder.)
8. Der Mann trägt einen langen Kittelrock. (Er ist mit roten und gelben Litzen besetzt.)
9. Seine Beine stecken in Lederröhren. (Die Beine sind leicht gekrümmt.)
10. Seinen Kopf bedeckt eine Mütze. (Von ihr baumeln vier bunte Zipfel.)
11. Die Lappenmutter trägt auf ihrem Rücken eine schmale Kinderwiege. (Die Wiege ist mit Rentierfell überzogen.)
12. Die Lappen trinken den Kaffee mit Salz. (Er ist ihr Leib- und Magengetränk.)
13. Auch geben sie Käse in den Kaffee. (Er ist aus Rentiermilch gewonnen.) (Der Kaffee wird dadurch gelbgrün.)
14. Gerührt wird der Kaffee mit einem Stäbchen. (Es ist aus Holz oder Rentiergeweih geschnitzt.)
15. Das Ren liefert dem Lappen seinen Lebensunterhalt. (Es ist ein wenig unserem Hirsch vergleichbar.)
16. Rentierfelle bringen ihm gutes Geld. (Damit kann er die notwendigen Dinge kaufen.) (Diese schickt ihm Europa in den Norden.)
17. Im Winter scharren die Tiere die dicke Schneedecke auf und su-

chen Flechten. (Sie verbringen den Winter im Freien.) (Von den Flechten ernähren sie sich.)

18. Von Mitte Mai bis Ende September weiden sie auf den Bergen außerdem das Rentiermoos ab. (Dieses fressen sie gern; davon wird ihre Milch fett und nahrhaft.)

2.9.3 Der Konjunktionalsatz (Bindewortsatz)

Häufig gebrauchte Konjunktionen sind:
als, sobald, solange, nachdem, bevor, ehe, bis, während, sooft, wenn;
weil, da;
wenn, falls, sofern;
indem, ohne daß, daß, als ob, je − desto;
obgleich, obwohl, wenngleich, wenn auch;
damit, [auf] daß;
so daß, (so −, daß)

Die mit diesen Konjunktionen eingeleiteten Gliedsätze sind meistens adverbiale Bestimmungen (Umstandsbestimmungen).
Es gibt adverbiale Bestimmungen
der Zeit (temporal)
des Grundes (kausal)
der Bedingung (konditional)
der Art und Weise (modal)
der Gegenüberstellung oder des unzureichenden Grundes (konzessiv)
des Zwecks (final)
der Folge (konsekutiv)
u.a.

Übung 20: Setze die Kommas.

1. Der Radfahrer soll trainieren damit er sowohl mit dem rechten als auch mit dem linken Fuß zurücktreten kann.
2. Je schneller die Fahrt ist desto länger ist der Bremsweg.
3. Wenn die Straße naß ist kann sich der Bremsweg erheblich verlängern.
4. Der fahrende Verkehrsteilnehmer muß stets bremsbereit sein weil in jedem Augenblick eine Gefahr auftauchen kann.
5. Immer wieder klärt die Polizei die Bevölkerung über die Gefahren und die Regeln des Straßenverkehrs auf so daß eigentlich jedermann darüber Bescheid wissen müßte.

6. Der moderne Verkehr ist so kompliziert geworden daß man den Verkehrsablauf in den nächsten Sekunden voraussehen können muß.

7. Er verlangt den hellwachen und mitdenkenden Verkehrsteilnehmer weil sonst der Verkehr erheblich gestört werden kann.

8. Aber obwohl immer wieder auf die Gefahren im Straßenverkehr hingewiesen wird verhalten sich manche Verkehrsteilnehmer sehr leichtsinnig.

9. Jeder muß alle Verkehrsregeln und die Verkehrssituation genau beachten damit kein Unfall verursacht wird.

10. Auch muß jeder Verkehrsteilnehmer damit rechnen daß der andere unaufmerksam ist.

11. Abbiegen nach rechts oder links muß angezeigt werden damit sich die anderen Verkehrsteilnehmer danach richten können.

12. Radfahrer und Autofahrer müssen immer darauf achten daß die Bremsen und die Beleuchtung an ihrem Fahrzeug einwandfrei funktionieren.

13. Man sollte nur gut ausgeruht am Steuer sitzen damit man richtig und schnell reagieren kann.

14. Autofahrer und Radfahrer müssen besonders auf stillen Nebenstraßen auf spielende Kinder achten weil diese hier keinen Verkehr erwarten.

15. Der Fußgänger denkt: Weil mir mein Leben lieb ist spaziere ich nicht auf der Fahrbahn herum.

16. Wenn wir zu nahe an den Bordstein gehen können wir von einem fahrenden Auto gestreift und mitgerissen werden.

17. Wenn wir bei Nacht helle Kleidung tragen werden wir von den Kraftfahrern leichter gesehen als wenn wir dunkle tragen.

18. Bevor wir die Fahrbahn überqueren halten wir nach dem nächsten Fußgängerüberweg Ausschau.

19. Wenn dieser fehlt blicken wir erst nach links dann nach rechts und überqueren dann geradewegs und zügig die Straße.

20. Ein uns bekannter Weg kann uns besonders gefährlich werden weil wir uns sicher fühlen.

21. Besonders Kinder verhalten sich sorglos und unberechenbar wenn ihnen eine bestimmte Wegstrecke vertraut geworden ist.

22. Auch wenn man einen Weg gut kennt muß man so vorsichtig sein als ob man ihn zum erstenmal ginge.

Übung 21: Bilde aus den eingeklammerten Sätzen bzw. Satzstücken Konjunktionalsätze.

Beispiel: Also lautet ein Beschluß . . . (Der Mensch muß was lernen.) Also lautet ein Beschluß, daß der Mensch was lernen muß (Wilhelm Busch).

1. (Es gab Urlaub.) . . . wollten mein Freund und ich jeden Tag zwei Stunden Sport treiben.
2. (Es regnete jeden Tag.) . . . führten wir unseren Vorsatz durch.
3. (Wir sind doch Faulpelze.) . . . drückten wir uns in der zweiten Woche um unsre selbstgestellte Aufgabe.
4. (Fleißiger üben.) . . . wären wir nun körperlich fit.
5. (Es gibt wieder Urlaub.) . . . wollen wir aber bestimmt jeden Tag zwei Stunden Sport treiben. (Wir müssen uns nicht selbst Schlappschwänze nennen.)
6. (Nicht wieder unsren Vorsätzen untreu werden.) . . . wollen wir uns gegenseitig ermahnen.
7. (Du bist vorsichtig.) . . . darfst du radfahren.
8. Der Bleistift muß gespitzt werden . . . (Er ist abgebrochen.)
9. Der Hund bellt. (Das Mädchen geht an ihm vorbei.)
10. Ich fror . . . (Ich war warm angezogen.)
11. Er mußte sich beim Kämmen bücken . . . (Der Spiegel hing zu niedrig.)
12. Du wehrst die Gefahr nicht ab . . . (den Kopf in den Sand stecken.)
13. Es gibt eine Sonnenfinsternis . . . (Der Mond steht zwischen Sonne und Erde.)
14. (Die Erde steht zwischen Sonne und Mond.) . . . gibt es eine Mondfinsternis.
15. Der Bundeskanzler hat Anspruch auf Durchführung und Verwirklichung der Richtlinien der Politik . . . (Der Fachminister ist entgegengesetzter Auffassung.) (Theodor Eschenburg, Staat und Gesellschaft in Deutschland, Stuttgart 1956, S. 736.)

Übung 22: Bilde mit den S. 37 genannten Konjunktionen Gliedsätze.

2.9.4 Der Interrogativsatz

(Indirekter oder abhängiger Fragesatz)
Der Fragesatz wird mit einem Fragewort eingeleitet:
wann, ob, wie, warum, wieweit, weshalb u.a.

Beispiele
1. Niemand weiß, wie es in hundert Jahren auf unsrer Erde aussieht.

2. Fritz war unentschlossen, ob er sein Geld sparen oder für
   ein Eis ausgeben sollte.
3. Der Angeklagte vermochte sich nicht zu erinnern, wie lange
   die Zecherei gedauert hatte.
4. Warum der Zug eine Stunde Verspätung hatte, konnte uns
   niemand sagen.

Übung 23: Setze die Kommas.

1. Unser Lehrer erklärte uns wie ein Raumfahrzeug gesteuert wird.
2. Nun weiß ich warum eine Rakete fliegt.
3. Die Frage ob im Weltall geistbegabte Wesen leben hat die
   Menschheit schon immer beschäftigt.
4. Wir wissen heute noch nicht wie weit der Mensch in den Weltraum vorstoßen kann.
5. Ob der Mensch unbegrenzte Zeit im Weltall verbringen kann ist
   bis jetzt nur annähernd erforscht.
6. Es ist ungewiß ob wir am Wochenende zu meiner Tante nach
   München fahren.
7. Bis jetzt ist noch ungeklärt wie es zu dem Unfall kam.
8. Wir können uns nicht erklären weshalb unser Wagen plötzlich
   stehenblieb.
9. Da standen wir und wußten nicht was wir tun sollten.
10. Wir hatten keine Ahnung wie wir den Schaden beheben könn-
    ten.
11. Jetzt erst entdeckten wir wozu die Sprechanlagen und die Kilo-
    meterangaben an der Autobahn da sind.
12. In der Dunkelheit konnten wir nicht erkennen wer uns seine Hil-
    fe anbot.
13. Auch nach einer Stunde hatten wir noch nicht gemerkt mit wem
    wir es zu tun hatten.
14. Ich kann nicht erklären weshalb er sich zwei Tage lang draußen
    herumtrieb.
15. Wir wissen nicht wann wir die nächste Arbeit schreiben.
16. Es ist fraglich ob Herr Rick die Miete für den nächsten Monat
    bezahlen kann.
17. Wir können nur vermuten weshalb sie in der letzten Zeit so stör-
    risch ist.
18. Wann ich an der Reihe bin weiß ich nicht.
19. Wir wissen nicht wer das Fenster einwarf.
20. Ich weiß nicht weshalb sie auf einmal zu kichern begann.

2.9.5 Gliedsätze, die mit einem Wort eingeleitet werden, das mit „w" beginnt.

Beispiele
1. W e r zuletzt lacht, lacht am besten.
2. W a s ich nicht weiß, macht mich nicht heiß.
3. Er wußte nicht, w o z u der Druckknopf da war.

Oft läßt sich nur schwer feststellen, ob ein Gliedsatz Relativsatz, Konjunktionalsatz oder Interrogativsatz ist. Dies ist vor allem dann der Fall, wenn Pronomen oder Adverbien, die mit einem „w" beginnen, den Gliedsatz einleiten. Solche Wörter sind:

was	wogegen	wovon
wer	womit	wovor
wo	wonach	wozu
wobei	worauf	u.a.
wodurch	worin	
wofür	worüber	

Für diese Fälle kann als „Eselsbrücke" die folgende Regel helfen:

Merke:

> Gliedsätze, die mit einem Wort eingeleitet werden, das mit „w"
> beginnt, werden durch Komma abgetrennt.

Übung 24: Setze die Kommas.
1. Wir gehen jede Woche zweimal ins Schwimmbad was uns sehr freut.
2. Er konnte unmöglich verstehen worüber wir uns unterhielten.
3. Er tobte und schrie wobei er wie wild um sich schlug.
4. Wer den Diebstahl aufklärte wußten wir nicht.
5. Der Angeklagte wußte nicht worauf das Verhör hinauslaufen sollte.
6. Wir konnten uns nicht erklären wodurch der Kurzschluß ausgelöst wurde.
7. Bis zuletzt wußten wir nicht wohin die Reise gehen sollte.
8. Ich überlegte lange womit ich meinem Vater eine Freude machen könne.
9. Sage mir doch womit ich den Fleck entfernen kann.
10. Alice tat immer das wozu sie gerade Lust hatte.
11. Henning durchreiste Italien kreuz und quer wobei er auch die Geschichte des Landes studierte.

12. Wo Werra und Fulda zusammenfließen entsteht die Weser.
13. Das woran sie dachten erreichten sie.
14. Wer den Kern will muß die Nuß knacken.
15. Was ein Häkchen werden will krümmt sich beizeiten.

2.9.6 Die direkte Rede (die angeführte wörtliche Rede)
2.9.6.1 Beispiele
1. „Man muß die Angeberei denen überlassen, die sich durch nichts anderes hervortun können", sagt Balzac.
2. „Man muß die Angeberei denen überlassen", sagt Balzac, „die sich durch nichts anderes hervortun können."

Die wörtliche Rede ist, grammatikalisch gesehen, Gliedsatz.

Merke:

> Die wörtliche Rede wird durch Komma abgetrennt, wenn es sich bei ihr um einen Aussagesatz handelt. Vgl. 4.1.

2.9.6.2 Beispiele
3. „Hast du schon Nachrichten gehört?" fragte er mich.
4. „Dagegen werden wir Widerspruch einlegen!" rief er.

Merke:

> K e i n Komma steht, wenn es sich bei der wörtlichen Rede um einen Frage- oder einen Ausrufesatz handelt.

2.9.6.3 Beispiele
5. Obwohl er immer wieder fest versprach: „Ich werde bestimmt von nun an fleißig lernen!", tat er nicht mehr als vorher.
6. „Haben Sie unsren entflogenen Wellensittich gesehen?", das fragte Claudia straßauf, straßab.

Merke:

> Ein Komma wird aber dann gesetzt, wenn der begleitende Satz ein Komma verlangt (Bsp. 5) oder wenn ein Wort wie „so", „das", „damit" auf die wörtliche Rede zurückweist (Bsp. 6).

Übung 25: Setze Kommas und Anführungszeichen.
1. Wir können unseren Arbeitern und Angestellten zwei Tage bezahlten Sonderurlaub geben sagte der Direktor.

2. Unsere Firma hat einen guten Ruf sagte er den wollen wir eines zweifelhaften finanziellen Gewinns wegen nicht aufs Spiel setzen.
3. Nachdem er sein Glas erhoben und gerufen hatte: Prosit! nahm er einen kräftigen Schluck und reichte es weiter.
4. Sie sind ein zuverlässiger und gewissenhafter Mitarbeiter sprach er und solche Leute brauchen wir auf solche Leute sind wir stolz.
5. Jedesmal wenn er sagt: Was gehen uns diese Primitiven in Afrika und Asien an! könnte ich –
6. Mach dies! Mach das! das ist die Art wie er mit seiner Frau umgeht.
7. Das ist unmöglich! schrie er.
8. Haben Sie schon das Neueste gehört? fragte er mich schmunzelnd.
9. Wenn es auch immer wieder heißt: Unsere Wirtschaft ist in Ordnung unser Geld ist stabil das Wirtschaftsleben blüht wächst und gedeiht! so sehe ich doch schwarz für die Zukunft.
10. Freizeit zur Erholung für Körper und Geist sinnvoll zu gestalten das ist weit schwieriger als man zunächst annimmt! so begann sie ihren Vortrag.
11. Was unternehmen wir am Wochenende? so fragte Hans immer wieder.
12. Weil er immer wieder bat: Laß mich doch an dieser Radtour teilnehmen! gab ich schließlich nach.
13. Neben den Beruf sprach er ist heute der Job getreten.
14. Die Menschen sind gut dran die Freude an ihrem Beruf haben und außerdem noch viel Geld verdienen sagte er.
15. Im menschlichen Leben muß es Feiertage geben schrieb die russische Schriftstellerin Alja Rachmanowa ohne sie muß der Mensch zugrunde gehen.

Übung 26: Verfahre wie bei Übung 25.
1. Heute abend will ich mir die Sportsendung im Fernsehen ansehen sagte Paul.
2. Dieses Buch sagte Manfred habe ich schon zweimal gelesen.
3. Als er immer wieder rief: Ihr Schweine! Ihr dreckigen Schweine! nahmen ihn die Polizisten fest.
4. Mein Rad ging kaputt beteuerte Franz.
5. Obwohl der Herbergsvater mehrmals Ruhe gebot und unüberhörbar sagte: Wenn es jetzt keine Ruhe gibt müßt Ihr morgen abreisen! tobten und lärmten die Schüler weiter.

6. Möchten Sie einmal mit mir in meinem neuen Wagen fahren? fragte meine Arbeitskollegin.
7. Ich bin schwach! Ich bin krank! Ich kann nicht! damit versuchte er immer wieder Nachsicht zu gewinnen.
8. Hoffentlich geht es Ihrer kranken Tochter wieder besser! sagte unsre Flurnachbarin zu meiner Mutter.
9. Wenn er auch gedroht hatte: Ich komme nie mehr wieder! war er doch am übernächsten Tag schon wieder zu Hause.
10. Das Fernsehen meint mein Vater kann das Theater nie und nimmer ersetzen.
11. Haben Sie ein Zimmer frei? das war alles was er französisch sagen konnte.
12. Obwohl die neue Regierung lautstark verkündet hatte: Von nun an wird alles besser! blieb doch alles beim alten.
13. Der Unfall passierte gerade unter meinem Fenster berichtete Kerstin.
14. Warum mußte gerade uns dieses Unglück treffen! so rief die Frau händeringend immer wieder.
15. Ich habe den Dieb davonschleichen sehen behauptete Franz.
16. Ich bin unschuldig! Glaubt mir doch! das war alles was er vor Gericht sagte.

Übung 27: Setze die Sätze der Übung 28 in die direkte Rede.

2.9.7 Die indirekte Rede (die nicht wörtlich angeführte Rede)
Beispiele
1. Sein Rad sei kaputtgegangen, beteuerte Franz.
2. Sabine sagte, ihre Mutter sei krank, sie habe deshalb einkaufen und alle Hausarbeit machen müssen, so daß es ihr unmöglich gewesen sei, pünktlich zu kommen.

Auch die indirekte Rede ist, grammatikalisch gesehen, ein Gliedsatz.

Merke:

Die indirekte Rede wird durch Komma abgetrennt.

Übung 28: Setze in den folgenden Sätzen das Komma.
1. Der Fremde sagte er habe zweimal geklingelt.
2. Erklärend fügte er hinzu er habe das Klingeln deutlich gehört.
3. Weil die Wohnungstür nur angelehnt gewesen sei fuhr er stokkend fort sei er hineingegangen.

4. Im Flur sagte er habe er mehrmals gerufen.
5. Dann sei er weiter ins Wohnzimmer gegangen berichtete er.
6. Von dort sei er ins Schlafzimmer gekommen. Er habe ja nicht gewußt in welche Zimmer die einzelnen Türen führen setzte er fast entschuldigend hinzu.
7. Kaum hörbar fuhr er dann fort im Schlafzimmer habe er die hier zögerte er wieder Tote gefunden.
8. Warum er denn nicht gleich zur Polizei gegangen sei wollte der Kommissar wissen.
9. Das wisse er selbst nicht sagte er er sei nun mal so ein Mensch der mehr von seinem Gefühl als von seinem Verstand geleitet werde.
10. Damals aber sei er sehr aufgewühlt und verwirrt gewesen sagte er weiter.
11. Und erklärend fügte er hinzu er habe in seiner Jugend ein schweres Erlebnis gehabt das ihn heute noch aufrege wenn er etwas Beunruhigendes durchstehen müsse.
12. Was das denn gewesen sei fragte der Kommissar er solle mal erzählen.
13. Das sei schon lange her erwiderte er ausweichend und es eigne sich auch nicht zum Erzählen.
14. Dennoch meinte der Kommissar sei es verwunderlich daß er jetzt erst Verbindung mit der Polizei aufgenommen habe.
15. Er sei krank gewesen habe zwei Wochen seine Wohnung nicht verlassen können und sei von einer Freundin seiner verstorbenen Mutter die ab und zu mal bei ihm nach dem Rechten sehe notdürftig versorgt worden erklärte er.
16. Aus diesem Grund hier stockte er wieder und aus einem andern habe er nicht zur Polizei gehen können.
17. Was das für ein andrer Grund gewesen sei forschte der Kommissar weiter.

Übung 29: Setze die Sätze der Übung 25 in die indirekte Rede.

Wiederholung
1. Der Fall ist klar wir können unsre Beschlüsse fassen.
2. Mein Bruder war ehrgeizig und zum Teil skrupellos ja.
3. Räum bitte das Büro auf und decke die Schreibmaschine zu.
4. Halb aus Wut halb aus Vertraulichkeit schlug die Löwin nach ihrem Bändiger. (Thomas Mann).

2.10 Hauptsatz und mehrere Gliedsätze

2.10.1 Gliedsätze gleichen Grades
Beispiele
1. Wir wissen,
   └→ wie groß die Sonne ist,
   └→ woraus sie besteht und
   └→ welche Energiebeträge sie abgibt.
2. Die Gewerkschaften wollen,
   daß ihre Mitglieder mehr Lohn bekommen,
   daß die Arbeitszeit verkürzt wird,
   daß die Arbeitsbedingungen verbessert werden und
   daß die Arbeiter mehr Mitspracherecht erhalten.

In unseren Beispielen beziehen sich alle Gliedsätze auf den Hauptsatz; anders gesagt, alle Gliedsätze, die von ein und demselben Satz abhängen, stehen gleichwertig nebeneinander. Gliedsätze, die gleichwertig nebeneinanderstehen, weil sie von ein und demselben Satz abhängen − dieser kann auch ein Gliedsatz sein −, nennt man Gliedsätze gleichen Grades. Gliedsätze gleichen Grades können durch nebenordnende Konjunktionen (vgl. S. 27 f.) verbunden sein.

2.10.2 Gliedsätze verschiedenen Grades
Beispiele
1. Fritz und Karl erfuhren,
   └→ daß sie eine Prüfung machen müssen,
       └→ die am Montag sein wird.
2. Obwohl ich mich warm angezogen hatte,
       als es in der letzten Woche so bitter kalt war,
   erkältete ich mich.

Bei den Gliedsätzen verschiedenen Grades ist ein Gliedsatz vom andern abhängig, d.h., es bezieht sich einer auf den andern. Für die Einleitewörter gilt das S. 33 ff. Gesagte.

Merke:

> Das Komma steht zwischen den einzelnen Sätzen im Satzgefüge.

> Das Komma u n t e r b l e i b t, wenn die Gliedsätze durch „und" − „oder" − „bzw." verbunden sind.

Übung 30: Setze die Kommas.

1. Stellen Sie bitte fest wieviel Fett dem „Normalverbraucher" am Ende des Krieges zugeteilt wurde wieviel Brot er bekam wieviel Fleisch bzw. Wurst er essen durfte wieviel Kartoffeln ihm zustanden und was sonst alles rationiert bzw. nicht rationiert war.

2. Kontoauszüge zeigen an was an Geld eingegangen ist was abgebucht wurde und wieviel sich auf dem Konto befindet.

3. Meine Arbeit soll genaue Angaben darüber enthalten wieviel Frauen in den Landesparlamenten und im Bundestag tätig sind wieviel Frauen ein Ministeramt innehaben wieviel Frauen höhere Regierungsbeamtinnen sind wieviel Direktorinnen es an öffentlichen Schulen und in der freien Wirtschaft gibt und wieviel Frauen als Juristinnen Ärztinnen und Pfarrerinnen tätig sind.

4. In der Prüfung wurde gefragt wie hoch der Mont Blanc ist wo die größten Meerestiefen gemessen wurden wieviel Grad das Thermometer am Nordpol anzeigt und wo man den tropischen Regenwald findet.

5. Wir können uns heute kaum noch vorstellen wie zu Beginn der Industrialisierung Arbeiterinnen und Arbeiter ausgebeutet wurden in welch erbärmlichen Wohnungen sie hausten wie sie sich abrackerten und plagten und daß sie dennoch nicht das Nötigste zum Essen und Anziehen hatten.

6. Nur wenige von uns denken daran daß auch heute noch viele viele Menschen in bitterster Armut und Not leben wieviel Geld bei uns von öffentlicher Hand ebenso wie von privater verschleudert wird und wieviel Essen bei uns verkommt.

7. Schon wenn man ihn sieht vermutet man daß er bescheiden lebt daß er viel Sport treibt daß er ein sehr nachdenklicher Mensch ist und daß er weder Geld noch Zeit verschwendet.

8. Man hat ihm jetzt eine Arbeit zugewiesen die besser bezahlt wird die seiner Ausbildung mehr entspricht bei der er sich zwischendurch auch mal eine Verschnaufpause gönnen kann und bei der er keine Nachtschicht mehr zu machen braucht.

9. Er teilte mir mit wann er in Urlaub fährt auf welchem Campingplatz bzw. in welchem Hotel er wohnen wird wie lange er an jedem Platz bleibt und wann er voraussichtlich heimreist.

10. Von unserem Abgeordneten weiß ich wo das neue Schwimmbad gebaut wird wann voraussichtlich mit dem Bau begonnen wird wie groß es wird und was es kosten soll.

11. Der Bibliothekar sagte mir wann das Buch erschienen ist wel-

cher Verlag es herausbrachte welche Buchhandlung es wahrscheinlich vorrätig hat und was es kostet.

12. Der Mann fragte das Kind warum es weine wohin es so spät noch gehe und ob er ihm helfen könne.

13. Armin ahnt nicht was ihm seine Mutter zum Geburtstag schenken wird wie sorgfältig sie die Geburtstagsfeier vorbereitet hat und welche besondere Überraschung sein Vater für ihn bereithält.

14. Sein Vater schenkt ihm nämlich ein Modellflugzeug das einem Jumbo-Jet nachgebildet ist das durch Fernsteuerung gelenkt wird und das nach meiner Schätzung bis zu zehn Meter hoch steigt.

Übung 31: Bilde aus den eingeklammerten Hauptsätzen Gliedsätze. Reihe sie aneinander, und füge sie in den Hauptsatz ein.
Beispiel: Über den Nachrichtensatelliten wurde uns mitgeteilt . . .
(Die Rakete hatte einen guten Start, sie fliegt in der vorgesehenen Umlaufbahn, es geht den Astronauten gut, im Kontrollzentrum ist man zufrieden.) − daß
. . . wurde uns mitgeteilt, daß die Rakete einen guten Start hatte, daß sie in der vorgesehenen Umlaufbahn fliegt, daß es den Astronauten gut geht und daß man im Kontrollzentrum zufrieden ist.

1. Der Fahrlehrer teilte mir mit . . . (Ich habe die Prüfung bestanden, ich bin unter den Besten, ich bekomme meinen Führerschein noch heute.) − daß

2. Die Fernsehsendung „Abenteuer im Regenbogenland" wurde abgesetzt. (Sie war unterhaltsam, sie spielte in Kanada, durch sie lernten wir auch das Land kennen.) − die

3. Herbert Retop spielt in dem neuen Fernsehkrimi die Rolle des Verbrechers. (Als Privatdetektiv hat er der Polizei manches Verbrechen aufklären helfen, er schrieb mehrere Kriminalromane und auch ein Drehbuch zu einem Kriminalfilm.) − der

4. Mein Kleid habe ich in einer Boutique in München gekauft. (Es hat leuchtend helle Farben, es ist nach der neuesten Mode und aus gutem Stoff gearbeitet.) − das

5. Monika kaufte sich ein Kleid. (Es macht sie schlank, seine Farbe paßt zu ihrem Teint, es ist modern geschnitten.) − das, dessen

6. Erst heute früh erfuhr ich . . . (Der von mir gewählte Schlagerstar kam auf Platz eins der Hitparade, ich gehöre zu den Siegern des Preisausschreibens, ich darf den Schlagerstar besuchen.) − daß

7. Der Koch bereitete ein Essen. (Es sah lecker aus, es war schmackhaft, es hatte wenig Kalorien.) − das
8. Ich ahnte . . . (Du glaubst mir nicht, du hältst es im geheimen mit meinen Widersachern.) − daß
9. Keiner von uns weiß . . . (Was ist unsre neue Arbeitskollegin für ein Mensch? Was tut sie gerne? Warum ist sie stets allein?) − was, warum
10. Thomas überlegte . . . (Soll er den weißen Läufer zurücknehmen oder mit der Dame Schach bieten? Wie wird der Gegner reagieren? Wird er seinen Turm opfern?) − ob, wie, ob
11. Die Polizisten wollten wissen . . . (Was hat er bei dem Unfall beobachtet? Waren noch mehr Beobachter zugegen? Warum hat er sich nicht gleich als Zeuge gemeldet?) − was, ob, warum
12. Der Kranke sagte . . . (Er ist müde, er hat Fieber, er leidet Schmerzen, er will schlafen.) − daß
13. Karin riß von zu Hause aus. (Ihre Eltern verstanden sie nicht, sie wurde oft und ihrer Meinung nach zu hart und ungerecht bestraft, sie liebt das freie Leben.) − weil
14. Bedenken wir wenn wir einen Krimi sehen . . . (So schnell und so zielstrebig werden die wenigsten Verbrechen aufgeklärt, es wird mehr Teamarbeit geleistet als man auf der Mattscheibe wahrnimmt, Chemiker und Mediziner leisten mit Hilfe modernster Geräte und Instrumente mehr und wichtigere Aufklärungsarbeit als man beim Fernsehkrimi zu sehen bekommt.) − daß

Übung 32: (Übung zu 2.10.2): Unterstreiche die einzelnen Gliedsätze verschiedenfarbig, und setze die Kommas.
1. Es gibt Leute die meinen daß sie alles selbst tun müßten weil nach ihrer Meinung nur das richtig getan ist was sie selbst getan haben.
2. Die Arbeiter gaben dem Wissenschaftler die Knochen die sie bei Erdarbeiten gefunden hatten als sie hörten wozu er sie haben wollte.
3. In vielen Städten gibt es Museen wo man Tiere und Dinge sehen kann die es heute nicht mehr gibt.
4. Unser Auto blieb plötzlich stehen weil wir vergessen hatten daß wir schon am Vortage hatten tanken wollen.
5. Es mag sein daß es in unserem Weltall Planeten gibt auf denen Menschen wohnen die wir aber nicht erreichen können weil der Weg zu ihnen zu weit ist.

6. Wir erfuhren jetzt daß Karl Maisen ein Mitarbeiter des Polizistenteams war das die beiden Mordfälle klärte die an der Kiesgrube verübt wurden.

7. Eva fährt nach Paris weil sie ihre französischen Sprachkenntnisse erweitern und festigen will die sie sich sowohl in der Schule als auch durch autodidaktisches Studium erwarb.

8. Ich gehe ins Kino weil ein Film läuft der in der Zeit der Französischen Revolution spielt über die ich vor kurzem ein Buch gelesen habe.

9. Unser Lehrer meinte daß wir bei schlechtem Wetter ins Museum gehen sollten wo wir sehr viel sehen könnten was wir im normalen Unterricht nicht zu sehen bekämen.

10. Mit seinem Geschwätz langweilte der Frisör den Kunden der eine Frage stellen wollte die er schon lange auf der Zunge hatte.

11. Als Fritz seine Tasche öffnete merkte er daß er seinen Zirkel vergessen hatte den er in der Geometriestunde brauchte.

12. Meine Mutter kocht diese Woche alle Gerichte die sie in einem Volkshochschulkurs kennenlernte der von einem Meisterkoch geleitet wurde.

13. Wir kaufen unser Brot bei dem Bäcker an der Ecke der so gutes Backwerk hat daß auch Leute die in weit entfernten Stadtteilen wohnen bei ihm Kunden sind.

14. Die Jungvögel streckten der Mutter die Hälse entgegen als sie mit Würmern die sie im Schnabel hatte das Nest erreichte.

2.11 Verkappte und verkürzte Gliedsätze. Auslassungssätze

2.11.1 Beispiele
1. Komme ich nicht am Samstag, komme ich bestimmt am Sonntag. (Wenn ich nicht am Samstag komme, komme . . .)
2. Hätte ich die Telefonnummer, könnten wir jetzt anrufen. (Wenn ich die Telefonnummer hätte, könnten . . .)
3. Ich schlage vor, wir machen in der nächsten Woche einen Ausflug. (Ich schlage vor, daß wir . . .)
4. Bedaure, die Frist ist heute nacht abgelaufen. (Ich bedaure, die Frist ist heute nacht abgelaufen.)

Manche Gliedsätze haben kein Einleitewort; sie können nur durch Erfragen als solche erkannt werden. Sie haben entweder Hauptsatzstellung (Bsp. 3), oder das Verb steht am Satzanfang (Bsp. 1 u. 2). Wir sprechen von verkappten Gliedsätzen.

Bei manchen Sätzen stehen nur die Teile da, die fürs Verständnis notwendig sind, die andern sind weggelassen (Bsp. 4). Man spricht von Auslassungssätzen oder Ellipsen.

Merke:

> Verkappte Gliedsätze sowie Auslassungssätze (Ellipsen) werden durch ein Komma abgetrennt.

Übung 33: Setze die Kommas.
1. Triffst du mich nicht zu Hause an bin ich auf dem Sportplatz oder in der Schule.
2. Hört mein Banknachbar etwas von einer Klassenarbeit ist es mit seiner Ruhe vorbei.
3. Hätte ich geschwiegen wäre der Streit vermieden worden.
4. Verbreitest du weiterhin solche Lügen zeige ich dich an.
5. Regnet es morgen bleiben wir zu Hause.
6. Kräht der Hahn auf dem Mist ändert sich das Wetter oder es bleibt wie es ist.
7. Scheint Lichtmeßtag die Sonne klar gibt's Spätfrost und kein gutes Jahr.
8. Ende gut alles gut.
9. Januar weiß Sommer heiß.
10. Freut mich dies gerade von dir zu hören.

2.11.2 „bitte" mit und ohne Komma
Beispiele
1. Besuche doch einmal unsre blinde Oma, bitte!
2. Bitte, machen Sie mit uns einen Ausflug!
3. Rufen Sie mich, bitte, morgen wieder an!

4. Schließt bitte eure Hefte!
5. Reichen Sie mir bitte den gelben Aktendeckel herüber.

„bitte" ist aus „Ich bitte Sie darum" entstanden, es kann also als verkürzter Satz aufgefaßt werden. Dies ist der Fall, wenn es stark betont ist (Bsp. 1−3).

Merke:

> Ist „bitte" stark betont, wird es in Kommas eingeschlossen.

> K e i n Komma steht, wenn „bitte" nur eine Höflichkeitsformel ist (Bsp. 4 u. 5).

Wiederholung

1. Du kannst nun beruhigt auf meinen Vorschlag eingehen da es sich herausgestellt hat daß wir beide Vorteile davon haben.
2. Die Nacht war stockfinster und die Käuze schrien zum Erbarmen.
3. Mein Nebenmann flüsterte mir zu der Redner sei ein bekannter Schriftsteller.
4. Es sah aus als ob Fledermäuse durchs Zimmer huschten.
5. Sag gleich was du vorhast damit wir nicht unsre Zeit vertrödeln.
6. Putze deine Schuhe und ziehe neue Schnürsenkel ein!
7. Das Eichhörnchen setzt sich auf die Hinterbeine wobei es sich mit dem Schwanz abstützt.
8. Lilian du kannst dir gar nicht vorstellen wie schön es ist wenn man vom Flugzeug aus auf die Welt herabsieht.
9. Endlich erblickte ich mein Pferd erzählte Münchhausen hoch über mir an der Kirchturmspitze.
10. Er lief auf allen vieren wobei er grunzende Laute ausstieß.

2.12 Erweiterter Infinitiv mit „zu"
2.12.1 Beispiele
1. Mancher versteht es meisterhaft, sein Mäntelchen nach dem Wind zu hängen.
2. Diese Person soll sich hüten, die Sache ihrer Nachbarin in die Schuhe zu schieben.
3. Der Theaterkasse war es leider nicht möglich, uns die gewünschten Plätze zu reservieren und einen passenden Bus zu besorgen.
4. Sein Wunsch, ein eigenes Geschäft zu führen, ging erst später in Erfüllung.

Unterstreiche die erweiterten Infinitive mit „zu". In welchem Beispiel stehen zwei?

Merke:

> Der erweiterte Infinitiv mit „zu" wird durch Komma abgetrennt.

2.12.2 Beispiele
4. Herr N. pflegt jeden Tag zehn Klimmzüge zu machen.
5. Herr Barkus scheint von seinem Fach viel zu verstehen.

Merke:

> K e i n Komma steht, wenn der erweiterte Infinitiv mit „zu"
> Hilfszeitwörtern oder hilfszeitwörtlich (modifizierend) ge-
> brauchten Verben folgt:
> sein, haben
> pflegen, scheinen, brauchen.
> Sind zwei aufeinanderfolgende erweiterte Infinitive durch
> „und" verbunden (Bsp. 3), steht kein Komma zwischen ihnen.

Übung 34: Setze die Kommas.
1. Schon im Altertum haben es die Menschen gewagt aufs offene Meer hinauszufahren.
2. Und seit alters hat der Mensch versucht Herr des Meeres zu werden und es für sich zu nutzen.
3. So gelingt es ihm auch immer wieder Land aus dem Meer zu gewinnen.
4. Buhnenanlagen im Wattenmeer tragen dazu bei möglichst viel Schlick und Schlamm festzuhalten.
5. Der Queller ist als erste Pflanze imstande in dem salzreichen Schlammboden zu wachsen.
6. Er hilft mit den angespülten Schlick zu halten und landfest zu machen.
7. Eines Tages ist es nötig das angeschwemmte Land durch einen Deich zu schützen.
8. Doch kostet es den Marschbewohner noch viel mühsame Arbeit das neue Land bebaubar zu machen.
9. Die langwierige Aufgabe das Salz aus dem Boden zu schwemmen bleibt dem Regen überlassen.
10. Erst nach vielen Jahren kann der Marschbauer daran denken auf dem neugewonnenen Land gutes Futter für seine schwarzweiß gefleckten Kühe anzupflanzen.
11. Der Mensch darf stolz darauf sein und er darf sich darüber freuen durch friedliche Arbeit ein Stück Land gewonnen zu haben.
12. Doch das Meer läßt sich so leicht nicht bändigen und versucht immer wieder des Menschen Werk zu zerstören und ihn selbst zu verschlingen.
13. Schwere Stürme Maschinenschäden gestrandete Schiffe Unachtsamkeit und Leichtsinn bringen Seefahrer Feriengäste und Wassersportler immer wieder in die Notlage den Seenotrettungsdienst um Hilfe bitten zu müssen.

14. In ihm haben sich tapfere Männer freiwillig verpflichtet den in Seenot geratenen Menschen zu helfen.
15. Auch die stürmischste und wütendste See kann diese Männer nicht schrecken gefährdeten Menschen beizustehen.
16. Sie wagen ihr eigenes Leben und verwenden ihre geistige und körperliche Kraft dazu das Leben anderer zu bewahren und zu retten.
17. In einer von Eigennutz beherrschten Welt streben sie danach dem Menschen ein Mitmensch zu sein.
18. Jährlich gelingt es ihnen Hunderte aus Seenot zu retten.
19. Solche Männer sind es vor vielen anderen wert von uns geachtet und geehrt zu werden.
20. Durch eine Spende können wir mithelfen das Seenotrettungswerk zu erhalten und zu fördern.

Übung 35: Bilde mit dem in Klammern stehenden (verneinten) Verb das Prädikat, und führe den Satz mit einem erweiterten Infinitiv mit „zu" weiter. Setze das Komma.
Beispiel: Nehmen Sie Rücksicht auf Alte, Kranke und Kinder (bitten).
Wir bitten Sie, Rücksicht auf Alte, Kranke und Kinder zu nehmen.

1. Wir konnten den chinesischen Namen nicht aussprechen (aufgeben).
2. Die Polizei leitete den Verkehr um (gezwungen sein).
3. Die Polizei leitete den Verkehr um (nicht brauchen).
4. Herr W. kauft seinem Sohn ein Moped (nicht bereit sein).
5. Die Mutter besuchte ihren schwerkranken Sohn täglich (sich nicht nehmen lassen).
6. Die junge Frau soll einen Kochkurs besuchen (raten).
7. Unser Sohn hat das Auto gewaschen und gewachst (scheinen).
8. Geologen sollen den Grundwasserstand unseres Gebietes feststellen (beauftragt sein).
9. Reisen Sie mit „Rabba" (vorteilhaft sein).
10. Der Randalierer wollte zunächst keine Angaben über seine Person machen (sich weigern).
11. Familie Schulz macht jedes Wochenende eine Wanderung (pflegen).
12. Der Außenminister ließ den Botschafter mit der Regierung in X verhandeln (beauftragen).
13. Wir wollen Sie in unserer Gaststätte begrüßen dürfen (sich freuen).

14. Zusammen mit unserem Personal wollen wir Ihnen das Beste aus Küche und Keller bieten (sich bemühen).
15. Wir wollen Sie gut bewirten und Ihnen ein paar frohe gemütliche Stunden ermöglichen (bestrebt sein).

2.12.3 Zu dem Infinitiv mit „zu" tritt nur e i n Wort
Beispiele
1. Wir hatten keine Lust zu baden.
2. Wir hatten keine Lust, uns zu erkälten.
3. Er wagte nicht zu sprechen.
4. Er wagte nicht, sich zu melden.
5. Seine Absicht mitzukommen war unverkennbar.
6. Um abzukürzen, liefen wir querfeldein.
7. Viele reden, ohne zu denken.
8. Karl war, anstatt zu arbeiten, schwimmen gegangen.
9. Sie konnte nicht aufhören, ihn anzusehen.

Merke:

> Der einfache Infinitiv mit „zu" steht gewöhnlich ohne Komma im Satz (Bsp. 1, 3, 5).

> Ist aber der Infinitiv mit „zu" auch nur durch e i n Wort erweitert (Bsp. 2, 4, 6−9), wird er durch Komma abgetrennt.

Übung 36: Setze die Kommas.
1. Vergiß nicht zu antworten.
2. Wir treffen uns einmal wöchentlich um zu diskutieren.
3. Der Mensch ißt um zu leben aber er lebt nicht um zu essen.
4. Um fit zu bleiben treiben wir jeden Tag eine halbe Stunde Sport.
5. Seine Angst zu versagen war groß.
6. Er lief weg ohne zu frühstücken.
7. Ohne zu grüßen verließ er die Gesellschaft.
8. Der reife Mensch erträgt sein Schicksal ohne zu klagen nicht aber ohne zu fragen.
9. Am meisten freute uns ihre Bereitschaft zu helfen.
10. Anstatt zu schweigen erzählte sie alles was er ihr anvertraut hatte.
11. Bei Streitereien sollte man ruhig bleiben und lächeln anstatt zu toben.
12. Anstatt zu wirtschaften gibt Frau H. ihr Geld gedankenlos aus.

13. Verlerne nie dich zu freuen.
14. Wir müssen Menschen und Verhältnissen Zeit lassen sich zu entwickeln.
15. Er muß Gelegenheit bekommen sich auszusprechen.

2.12.4 Mehrere Infinitive mit „zu"
Beispiele
1. Hör endlich auf, zu jammern und zu klagen.
2. Ihre Absicht, zu täuschen und zu stehlen, wurde vereitelt.
3. T. war außerstande, zu gehen und sich aufrecht zu halten.

Merke:

> Mehrere Infinitive mit zu werden durch Komma abgetrennt. Ein Komma steht auch, wenn ein einfacher Infinitiv mit „zu" und ein erweiterter Infinitiv mit „zu" zusammentreffen (Bsp. 3).

2.12.5 Beispiele
4. Es ist zu multiplizieren und zu addieren.
5. In meinen Ferien pflege ich zu wandern und zu lesen.

Merke:

> K e i n Komma steht, wenn die Infinitive mit „zu" Hilfszeitwörtern oder hilfszeitwörtlich (modifizierend) gebrauchten Verben folgen. Vgl. 2.12.2.

Übung 37: Setze die Kommas.
1. Sie haben nach dem Vortrag Gelegenheit zu fragen und zu diskutieren.
2. Die Kartoffeln sind zu waschen und zu schälen.
3. Ich hatte sehr wohl die Absicht zu kommen und zu helfen.
4. G.s Absicht zu zahlen und zu schweigen wurde durchkreuzt.
5. Das Fahrrad ist zu putzen und zu ölen.
6. Ihm ist es nicht gegeben zu schweigen und zuzuhören.
7. D. konnte nicht umhin zu schwatzen und ihr Geheimnis preiszugeben.
8. Mein Vater verstand beides zu arbeiten und zu feiern.
9. Bei Familienfeiern pflegen wir zu singen und zu tanzen.
10. Die Gabe zu verstehen und zu verzeihen ist ihm nicht gegeben.
11. Mönchen und Nonnen wird geboten zu beten und zu arbeiten.
12. Der Clown brachte es fertig zu tanzen und mit drei Bällen zu jonglieren.

13. Klara nahm sich ernsthaft vor zu reisen und zu studieren.
14. Für meinen Freund Kurt war es immer eine große Freude zu musizieren und seine Schwester auf dem Klavier zu begleiten.

Wiederholung

1. Ich dachte darüber nach was der Redner gesagt hatte denn ich fühlte daß es nicht stimmte.
2. Mein Physiklehrer von dem ich lernte wie eine Rakete funktioniert ist Professor geworden.
3. Obwohl sich Hanna und Friedrich nicht ähnlich sehen merkt man daß sie Geschwister sind.
4. Vielen Dank Herr Minister für Ihre Auskunft.
5. Der Fernseher lief aber niemand sah hin.
6. Er pfiff und er sang.
7. Im Urlaub legt man keinen Wert darauf sagte er Mitarbeitern zu begegnen.
8. Achim der die Mathematikstunde schwänzen wollte konnte im ganzen Schulhaus keinen Ort finden wo er sich verstecken konnte.
9. Die Männer gingen zum Ortsausgang wo sie eine Tankstelle vermuteten.
10. Der Junge drückte sich vor der halbgeöffneten Tür herum als ob er sich scheue hineinzugehen.
11. Schüler wissen selten warum sie lernen sollen.
12. Warum gab er das Spiel auf das so eindeutig zu seinen Gunsten stand?

2.13   Erweitertes Partizip (Mittelwort)

2.13.1 Beispiele

1. Alle Ermahnungen der Ärzte in den Wind s c h l a g e n d, rauchte und trank er weiter.
2. Karl ging, noch einmal alles Gelernte ü b e r d e n k e n d, in die Prüfung.
3. Alle Gespräche ü b e r t ö n e n d, plärrte der Lautsprecher.

Merke:

> Das ungebeugte und durch mehrere Wörter erweiterte Partizip wird durch Komma abgetrennt.

2.13.2 Beispiele
4. Des vielen Lesens überdrüssig (s e i e n d), legte er das Buch zur Seite und ging in den Garten.
5. Bei einbrechender Dunkelheit betrat er wieder das Haus, einen Blumenstrauß in der Hand (h a b e n d).
6. Über und über rot (w e r d e n d), überreichte er der Präsidentengattin die Blumen.
7. Für Dich stets bereit (s e i e n d), grüße ich Dich.
8. Er trat, das Glas vor den Augen (h a l t e n d), hinaus.

Merke:

> Die obige Regel gilt auch für Wortgruppen, bei denen ein Partizip ergänzt werden kann.
> In den meisten Fällen ist das:
> „habend" − „haltend" − „seiend" − „werdend".

Übung 38: Setze die Kommas.
1. Unsre Bundesrepublik Deutschland älter als Weimarer Republik und nationalsozialistisches Reich zusammen ist heute ein geachteter Staat.
2. Der Bote betrat in seiner Linken die gewünschte Akte das Büro des Chefs.
3. Fritz immer wachen Sinnes bemerkte als erster das Feuer.
4. Von mehreren Zeugen erkannt mußte der Angeklagte seine Schuld eingestehen.
5. Das Gewehr im Anschlag wartete der Jäger auf den Rehbock.
6. Seiner Sinne nicht mächtig lag der Verletzte noch eine Stunde am Straßenrand.
7. Ich versuchte den Text immer wieder lesend eine verständliche Zusammenfassung zu geben.
8. Sie kamen leise über den Diebstahl redend die Treppe herunter.
9. Die Tür öffnete sich nur einen Spalt breit von einer schweren Sicherheitskette gehalten.
10. Von den ersten Strahlen der aufgehenden Sonne getroffen erstrahlte der schneebedeckte Berg wie ein riesiger Kristall.
11. Eine Staubwolke hinter sich herziehend fuhr der Traktor den Feldweg entlang dem Walde zu.
12. Den dick verbundenen angeschossenen Arm in der Schlinge kam der Polizist als Zeuge in den Gerichtssaal.
13. Der Vorsitzende erhob seine starke Stimme den Redeschwall im Saal laut übertönend.

14. Ein junger Mann die Pfeife zwischen den Zähnen ging barfuß die Prachtstraße entlang.
15. Aus dem Radio erklangen von einer schmalzigen Frauenstimme gesungen die neuesten Hits.

2.13.3 Beispiele

1. Ich habe mich den Verkehrsvorschriften entsprechend verhalten.
2. Der Auszubildende hat den Anweisungen des Meisters entsprechend gehandelt.
3. Fröhlich singend kam Margret die Treppe herunter.
4. Herzhaft lachend wandte er sich um und ging davon.
5. Mit fröhlichem Mutterwitz begabt und mit hoher Intelligenz ausgestattet, war er ein vortrefflicher Erzähler und Gesellschafter.

Merke:

> K e i n Komma steht,
> – wenn „entsprechend" näher bestimmt ist (Bsp. 1 und 2)
> – wenn das Partizip nicht oder nur kurz näher bestimmt ist (Bsp. 3 und 4).
> Zwischen zwei erweiterten Partizipien, die durch „und" verbunden sind, steht k e i n Komma (Bsp. 5).

2.13.4 Beispiele

1. Kurz gesagt, du mußt dich jetzt endlich zur Prüfung melden.
2. Eben hinausgeworfen, kam er in der nächsten Minute schon wieder herein.
3. Das Auto lag im Straßengraben, vollständig zertrümmert.

Aber: 4. Das Auto lag vollständig zertrümmert im Straßengraben.
5. Kurz entschlossen meldete er sich zur Prüfung.
(Vgl. 12.13.3)

Merke:

> Wenn zwischen dem unwesentlich erweiterten Partizip und dem übrigen Satz eine Sprechfuge entsteht, wird ein Komma gesetzt. (Es handelt sich dann um einen verkürzten Gliedsatz oder um eine nähere Bestimmung.)

Übung 39: Setze die Kommas.
1. Unheil verkündend waren am Himmel schwere Wolken aufgezogen.
2. Die Sonne verfinsternd und eine beklemmende Dämmerung verbreitend hatten sie sich zu dicken Haufen geballt.
3. Das Leben des Dorfes sonst heiter und fröhlich war wie gelähmt.
4. Männer sonst jeden Tag fleißig bei ihrer Arbeit ließen nun alles stehn und liegen und gingen auf die Straße.
5. Mütter ihre kleinen Kinder an der Hand oder auf dem Arm standen beieinander.
6. Bald fegte der Sturm übers Land Bäume entwurzelnd oder brechend Felder verwüstend und Häuser abdeckend.
7. Doch wilder als der Sturm war die Flut die nun vom Himmel stürzend und von den Bergen strömend das Dorf überfiel.
8. Von den Fluten und dem Sturm unbarmherzig gepeitscht brachen Pfeiler und Pfähle und Mauern.
9. Weinend und vor Angst zitternd klammerten sich die Kinder an ihre Mütter.
10. Vor den wildflutenden und ständig steigenden Wassern fliehend eilten die Menschen in der einen Hand ein paar Habseligkeiten an der anderen ein Kind zur Kapelle auf dem Berg.
11. Die Fluten aber schneller als die letzten ergriffen manchen und verschlangen ihn.
12. Bis auf die Haut durchnäßt und zu Tode erschöpft kamen die andern oben an.
13. Von dort sahen sie bange und zagend auf ihr Dorf zurück.
14. Von Hunger und Kälte Durst und Angst geplagt verbrachten sie in und neben der Kapelle die Nacht.
15. Wie von dem Licht des neuen Tages erschreckt gingen die Fluten am andern Tag zurück ein verwüstetes Dorf zurücklassend.
16. In das Dorf zurückgekehrt begruben die Menschen ihre Toten.
17. Dann bauten sie ihre Häuser neu und lebten auf eine gute Zukunft hoffend wie zuvor.

Übung 40: Bilde aus den eingeklammerten Sätzen erweiterte Partizipien.
Beispiel: Hinter der Hügelkette versteckte sich (Es wurde [so] vor rauhen Winden geschützt.) das Dorf.
Hinter der Hügelkette versteckte sich, vor rauhen Winden geschützt, das Dorf.

1. Er kehrte nicht mehr in das Gefängnis zurück sondern brauste (Er brach sein Ehrenwort.) mit dem Wagen der Anstalt davon.
2. (Er verlor die Gewalt über den Wagen.) Er fuhr zwei Menschen um.
3. Die Polizei (Ein PKW-Fahrer hatte sie herbeigerufen.) nahm den wilden Fahrer fest.
4. (Er wagte den Sprung nicht sofort.) Er lief ein paarmal am Ufer auf und ab.
5. (Als ich oben angekommen war . . .) Ich fand den Saal leer.
6. (Er hatte das Messer zwischen den Zähnen.) Er durchschwamm den Fluß.
7. (Er behielt den Einbrecher im Auge.) Herr M. ging zum Telefon und rief die Polizei.
8. (Sie stießen laute Schreie aus.) Die Vögel flogen davon.
9. (Reue packte ihn.) Er gab das gestohlene Geld zurück.
10. (Er wurde plötzlich reich.) Er änderte seine Ansichten und seine Lebensgewohnheiten.
11. (Er reckte die Nase nach oben und schaute zu den Sternen.) Er stolperte und fiel hin.
12. Der Frühling (Er verlor schon an Frische.) ging allmählich über in die Verheißung des Sommers. (Hesse).

2.13.5 Erweiterter Infinitiv und erweitertes Partizip in Frontstellung

Beispiele:
1. Einen Blinden über die Straße zu führen ist selbstverständlich.
2. Hilflose Tiere zu quälen ist menschenunwürdig.
3. Brot zu haben ist keine Selbstverständlichkeit.
4. Viel zu wissen ist gut und nützlich.
5. Höflich und ehrlich zu sein ist eine feine Lebenskunst.
6. Eine Zündkerze auszuwechseln ist für mich kein Problem.
7. Im Forellenteich zu baden ist verboten.
8. Uns bei dieser Hitze in der Schule zu halten geht über die Hutschnur.
9. Zu helfen und zu raten war nicht möglich.
10. Stillzusitzen und zu lernen ist ihm nicht gegeben.
11. Die Argumente anderer anzuhören und zu durchdenken fällt ihm sehr schwer.
12. Eine Fremdsprache in einem Jahr in Wort und Schrift zu erlernen dürfte nur wenigen möglich sein.

13. Gut gekaut ist halb verdaut.
14. Jung gefreit hat selten gereut.
15. Doppelt genäht hält besser.

Unterstreiche die erweiterten Infinitive bzw. die erweiterten Partizipien.
Welche Satzglieder sind sie in unseren Beispielen?
Frage: Wer oder was ist selbstverständlich?
Wer oder was hält besser?

Merke:

> Kein Komma steht, wenn der erweiterte Infinitiv oder das erweiterte Partizip als Subjekt am Anfang des Satzes steht.

2.14 Herausgehobene Satzteile
2.14.1 Beispiele
1. Zu telegrafieren, daran hatte Angela nicht gedacht.
2. Im 2. Stock, da ist unsere Damenabteilung.
3. Er bellt schon den ganzen Tag, dieser Hund.

Satzteile, die man herausheben will, kann man an den Anfang (manchmal auch ans Ende) des Satzes stellen und im Satz durch ein Pronomen (Fürwort) oder ein Adverb (Umstandswort) erneut aufnehmen. Unterstreiche das herausgehobene Satzglied und das Pronomen oder Adverb, das es im Satz vertritt.

Merke:

> Das Komma trennt herausgehobene Satzteile ab, die durch ein Wort erneut aufgenommen werden.
> Beachte: Diese Regel erweitert die Regel 2.13.5.

Übung 41: Forme die Sätze 1–12 im Abschnitt 2.13.5 so um, daß ein Komma gesetzt werden muß.
Bsp.: Zu schwimmen und zu wandern sind meine liebsten Freizeitbeschäftigungen.
Zu schwimmen und zu wandern, das sind meine liebsten Freizeitbeschäftigungen.

Übung 42: Setze die Kommas.
1. Diesen Brief schon vor einer Woche sollte ich ihn einwerfen.
2. Zwei Straßen weiter da geht es zum Bahnhof.

3. Vor unserer Schule da wurde der Hund überfahren.
4. Der Spieler mit der Nummer 9 er hat das Tor geschossen.
5. Euer Torwart diesen Ball hätte er halten müssen.
6. Diese Schuhe hier sie sind die schönsten im ganzen Geschäft.
7. Die feine Goldkette dort sie ist bestimmt Handarbeit.
8. Zu Hause da ist es doch am schönsten.
9. Zu reisen darauf hatte sie sich gefreut.
10. Sein Gepäck zu versichern daran hatte Fritz nicht gedacht.
11. Ich werde ihm Ordnung beibringen dem Schlamper.
12. Was hat er da nur wieder angestellt unser schlitzohriger Dackel?
13. Dieses Betragen es paßt nicht zu dir!
14. Der Versicherung einen Brief zu schreiben und sich für das Versäumnis zu entschuldigen daran hat wohl keiner von euch gedacht.
15. Diese Schreihälse sie können doch nicht fünf Minuten ruhig sein.

2.14.2 Beispiele
1. Der alte Herr sah[,] trotz seiner Krankheit[,] immer wieder nach dem Rechten.
2. Die Firma hat[,] laut Mitteilung des Stadtanzeigers[,] Konkurs angemeldet.
3. Da wir[,] im Unterschied zu unseren Freunden[,] keinen Garten haben, picknicken wir oft im Wald.

Merke:

> Satzteile, die man hervorheben oder betonen will, kann man in Kommas einschließen. Vgl. 7.6.

2.15 Die Apposition (Der Beisatz)
2.15.1 Beispiele
1. Martin Behaim, ein weitgereister und berühmter Nürnberger Bürger, fertigte um 1520 den ersten Erdglobus.
2. Wir bewundern die Bilder Albrecht Dürers, eines Altnürnberger Malers und Kupferstechers.
3. Hans Sachs, einem Schuhmacher und Bürger Alt-Nürnbergs, verdanken wir viele lustige Verse und Laienspiele.
4. Nürnberger Bürger hielten die ersten Taschenuhren, ein Werk Peter Henleins, für Teufelsspuk.

Die Apposition, auch Beisatz genannt, steht im gleichen Fall wie das Substantiv (Hauptwort), auf das sie sich bezieht, und läßt sich oft mit diesem auswechseln.

Merke:

> Die Apposition wird in Kommas eingeschlossen.

Übung 43: Setze die Kommas.
1. NN soll ein Referat halten über: „Die Türkei ein Bindeglied zwischen Europa und Asien".
2. Die Türkei ein Land mit Fruchtgärten und Ödländern gehört zum Orient.
3. Die alte Türkei der brüchig gewordene Vielvölkerstaat des Osmanischen Reiches war durch den ersten Weltkrieg zerschlagen worden.
4. Nur Thrakien eine armselige Gegend blieb auf europäischem Boden von dem großen Osmanischen Reich übrig.
5. Mustafa Kemal Atatürk der Vater der modernen Türkei schuf den neuen türkischen Staat die Türkische Republik.
6. Konstantinopel die Hauptstadt des Osmanischen Reiches wurde in Istanbul umgetauft.
7. Die neue Hauptstadt Ankara liegt in der Mitte Anatoliens im Bauernland.
8. Istanbul liegt am Goldenen Horn einer Seitenbucht des Bosporus.
9. Istanbul eine der schönsten Städte der Welt hat viele kunstvolle Moscheen und Paläste.
10. Seine ehemalige Hauptmoschee die stolze Hagia Sophia heute Museum war einst als christliche Sophienkirche gebaut worden.
11. Heute erhebt sich über ihr der Halbmond das Wahrzeichen der Türkei und des Islam.
12. Das Serail der prächtigste weltliche Bau der Stadt ist der ehemalige Palast der türkischen Sultane.

Übung 44: Bilde aus den Relativsätzen Appositionen.
1. Die Alpen, die das mächtigste Gebirge unseres Erdteils sind, erstrecken sich über 1200 Kilometer.
2. Wir verbrachten unseren Urlaub am Fuße des Mont Blanc, der der höchste Berg der Alpen ist.
3. In Mainz, das „die Goldene Stadt am Rhein" genannt wird, feiert man alljährlich fröhlich Fastnacht.
4. In Hamburg, das man „Deutschlands Tor zur Welt" nennt, werden die ankommenden und auslaufenden Schiffe mit Flaggensignalen und Musik begrüßt.

5. Wiesbaden, das Hessens Landeshauptstadt ist, soll für seine Stadtsanierung und seine städteplanerischen Maßnahmen einen Preis erhalten haben.
6. Der Turm des Ulmer Münsters, der das Wahrzeichen der Stadt ist, gehört zu den höchsten Bauwerken Deutschlands.
7. Wir besuchten Heidelberg, das einstmals viel besungen wurde und romantisch ist. (Ergänze „Stadt".)
8. Die Kaffeehäuser Wiens, das eine Stadt mit Herz und Charme ist, sind nahezu weltberühmt.
9. Berlin, das die Hauptstadt des ehemaligen Deutschen Reiches war, könnte einmal zum Zankapfel zwischen der Bundesrepublik Deutschland und der DDR werden.
10. Die „Romantische Straße", die eine von vielen gern gefahrene Touristenstraße ist, beginnt in Würzburg und endet in Füssen.
11. In der Herrgottskirche in Creglingen besichtigten wir den Marienaltar, der das schönste Werk Tilmann Riemenschneiders ist.
12. Viele Gedichte Joseph von Eichendorffs, der ein Dichter der Romantik war, sind zu Volksliedern geworden.
13. Hedwig zeichnete die Porta Nigra in Trier, die ein Wahrzeichen einstiger römischer Herrschaft in Deutschland ist.
14. Der Hündin Laika, die das erste lebende Wesen im Weltraum war, wurde ein Denkmal gesetzt.
15. Rehen, Hasen, Wildschweinen und Vögeln, die in unseren Wäldern wohnen, bringt der Förster bei hohem Schnee Futter.
16. Herrn M. und Frau N., die das Kind retteten, wurde die Rettungsmedaille verliehen.
17. Herrn K., der für das Unglück verantwortlich ist, wurde gekündigt.
18. Sie wählten Herrn NN, der ein humorvoller, geistsprühender Mann ist, zum Vorsitzenden.

2.15.2 Apposition oder Aufzählung?

Beispiele

1. Tante Klara, die Schwester meines Vaters, und Onkel Georg verbringen ihren Urlaub in Österreich.

(„Die Schwester meines Vaters" ist Apposition, es verbringen also zwei Personen ihren Urlaub in Österreich.)

2. Tante Klara, die Schwester meines Vaters und Onkel Georg fuhren nach Helgoland.

(Dies ist eine Aufzählung, es fahren also drei Personen nach Helgoland.)

3. Karl, der Freund meiner Schwester, Inge und ich gingen ins Kino.

(Es können drei, aber auch vier Personen ins Kino gegangen sein, je nachdem, ob „der Freund meiner Schwester" Apposition oder Glied einer Aufzählung ist.)

Übung 45: Setze die Kommas so, daß immer die angegebene Personenzahl verstanden wird.

1. Holger mein Neffe und ich bastelten einen Drachen (2 Personen).
2. Robert mein Neffe und ich wanderten durch den Odenwald (3 Personen).
3. Morno der Fernsehreporter und der Intendant besuchten den Presseball (2 Personen).
4. Herr Unverricht unser zweiter Direktor und ein Betriebswirt nahmen an den Lohnverhandlungen teil (3 Personen).
5. Friedrich unser Kassenwart und ich wurden in den Ausschuß gewählt (2 Personen).
6. Herr Becker unser Bürgermeister und ein Stadtrat vertraten die Gemeinde (3 Personen).
7. Frau Stich unsre Nachbarin und meine Tante gehören dem „Klub der lustigen Frauen" an (2 Personen).
8. Herr Flath ein Lehrer unserer Schule und Herr Kien geben Unterricht in Erster Hilfe (2 Personen).
9. Fritz Seem der Leiter unseres Jugendseminars und fünf Jugendliche besuchten unsere Patenstadt in Frankreich (7 Personen).
10. Herr Ries mein Onkel und elf weitere Angestellte ihrer Firma besuchten den Bad Dürkheimer Wurstmarkt (13 Personen).

Wiederholung
1. Die Regierung sollte stets bereit sein die Kritik der Opposition ernst zu nehmen.
2. Ich wußte daß Ulla nicht viel Geld hatte und gezwungen war ihre Ausgaben genau zu berechnen.
3. Mit diesem Projekt betreten wir Neuland und niemand kann voraussagen wohin es uns führen wird.
4. Die Behauptung des Tacitus die Germanen hätten keine Tempel gehabt ist ein tendenziöses Märchen.
5. Der Geheimdienst beobachtete monatelang den Spion ohne zuzufassen.

6. Maultiere und Maulesel Kreuzungen aus Pferd und Esel nimmt der Mensch des Mittelmeerraums in seine Dienste.
7. Vor der Küste Norwegens liegen die Schären kleine rundliche Inseln.

2.16   Genauere Bestimmungen

2.16.1.1 Beispiele

1. Karin hat immer gern Operettenmusik, namentlich die von Lehar, gehört.
2. In lauen Sommernächten gehe ich gern spazieren, vor allem bei sternklarem Himmel.
3. Karl lebt gesund, d. h., er treibt Sport und ißt viel Obst.

Durch genauere Bestimmungen erfährt man etwas Neues.
Oft werden sie eingeleitet durch:
„d. h." − „d. i." − „nämlich"
„namentlich" − „sogar"
„und das" − „und zwar" − „zum Beispiel"
u. a.

Merke:

> Nähere Bestimmungen werden durch Komma abgetrennt. Folgt dem Einleitewort ein ganzer Satz, wird er in Kommas eingeschlossen, d. h., es steht hinter dem Einleitewort ein Komma (Bsp. 3 und dieser Satz).

2.16.1.2 Beispiele

4. Evchen kaufte sich ein rotes, und zwar ein rosarotes Kleid.
5. Er liebt würzigen, besonders mit Pflaumenaroma gewürzten Tabak.

Merke:

> Wird die Beifügung eines Hauptwortes durch eine weitere Beifügung näher bestimmt, dann steht nur vor dieser näheren Bestimmung ein Komma; das schließende Komma wird weggelassen.

Übung 46: Setze die Kommas.
1. Ärzte sind immer zu erreichen auch um Mitternacht.

2. Heinrich sammelt alle alten Dinge besonders alte Uhren.
3. Cornelia hat einige sehr schöne Bilder vor allem Aquarelle gemalt.
4. Im Wasser fühlen wir uns wohl vor allem an heißen Tagen.
5. Im Sommer geht unsre ganze Familie ins Schwimmbad sogar Oma.
6. Udo besuchte vergangene Woche seinen Onkel und zwar am Donnerstag.
7. Ansteckende Krankheiten z. B. Scharlach und Diphtherie müssen der Gesundheitsbehörde gemeldet werden.
8. Er aß gerne Kartoffeln besonders Bratkartoffeln.
9. Das ist ein nahrhaftes wenn auch einfaches Essen.
10. Alle machen sich Vorwürfe namentlich der Vorsitzende.
11. Das ist doch ein dummer wenn auch selbstsicherer und redegewandter Kerl.
12. Wir sind mit unserer Arbeit fertig d. h. wir müssen sie noch auf Tippfehler durchsehen.

Übung 47: Bilde aus den eingeklammerten Ausdrücken nähere Bestimmungen.

1. Zur Protestversammlung kamen viele junge Leute (Studenten).
2. Wir werden alle von der Werbung manipuliert (beeinflußt).
3. Er bevorzugt frisches Obst und Gemüse (eben erst geerntet).
4. Albert liebt klassische Musik (Johann Sebastian Bach).
5. Beate geht gern spazieren (im Regen).
6. Hans-Peter ißt gern Torte (Kirschtorte).
7. Im letzten Sommer ernteten wir viel Obst (Erdbeeren).
8. Die Welt kann schön sein (an grauen Tagen).
9. Man kann sein Aussehen stark verändern (Perücken, Brillen, falsche Bärte).
10. Mein Onkel kaufte ein neues Auto (gelber Opel).
11. Sein einflußreicher Vater verschaffte ihm eine Lehrstelle (als Geschäftsmann angesehen).
12. Man kann viel erreichen (ständige Arbeit).
13. Silvia ist bei Klassenarbeiten immer aufgeregt (Mathematikarbeiten).
14. Vorige Woche schrieb die Klasse 8a zwei Klassenarbeiten (Diktat und Englischarbeit).
15. Ich bin abends immer zu Hause (zwischen 6 und 8 Uhr).

2.16.2 **Adjektive und Partizipien als nähere Bestimmungen**
2.16.2.1 Beispiele
    1. Das Kraut, das braune, ist ihm das liebste.
    2. Unser Trainer, jung und vital, führt uns von Sieg zu Sieg.
    3. Seine Sprache, papieren und gekünstelt, kann niemanden überzeugen.
    4. Lügner, gemeiner!

Als genauere Bestimmungen stehen oft hinter einem Substantiv:
ein Adjektiv oder Partizip mit Artikel (Bsp. 1),
mehrere Adjektive oder Partizipien (Bsp. 2 und 3),
ein dekliniertes (gebeugtes) Adjektiv oder Partizip (Bsp. 4).
Von diesen gilt:

Merke:

> Dem Substantiv nachgestellte Adjektive und Partizipien werden durch Komma abgetrennt.

2.16.2.2 Beispiele
    5. Mayer junior
    6. Forelle blau
    7. Röslein, Röslein, Röslein rot
    8. Bei einem Wirte wundermild

Merke:

> K e i n Komma steht, wenn in festen oder dichterischen Fügungen ein einzelnes Adjektiv ungebeugt und ohne Artikel hinter einem Substantiv steht.

Übung 48: Setze die Kommas.
1. Bei meinen Freunden den lustigen bin ich immer gern.
2. Der Zeisig der liederliche hat schon wieder etwas liegen lassen.
3. Die Diebin die fixe stahl ihm den Pelz unterm Hintern weg.
4. Schmarotzer erbärmlicher!
5. Unser Theater modern und vorbildlich hat einen neuen Intendanten bekommen.
6. Der Bursche abgebrüht und skrupellos stahl den Schülern das Geld aus der Tasche.
7. Die Tapeten lichtecht und abwaschbar sind preiswert.

8. Seine Vorurteile festgewurzelt und unausrottbar machen jede Diskussion mit ihm unmöglich.
9. Dieser Kerl gefräßig und dumm ist zu nichts zu gebrauchen.
10. Frau NN schamlos und unverfroren deckt die Frechheiten und Lügen ihres Sohnes.
11. Gehen Sie doch zu Schulze senior!
12. Schenk ein den Wein den holden . . . (Storm).

Wiederholung
1. Herrn Ohmert gelang es kaum seine Betroffenheit zu verbergen.
2. Sein Gesicht wurde aschfahl und seine Hände verkrampften sich.
3. Klein Egon saß auf dem Zahnarztstuhl ohne sich zu rühren.
4. Er ließ den Zahnarzt bohren ohne zu schreien.
5. Der Artist blieb ein Bein waagrecht vorgestreckt minutenlang auf dem schwankenden Trapez stehen.
6. Die Dinosaurier riesengroße Tiere lebten und starben aus bevor es Menschen gab.

2.17 Mißverständnisse
Unklarheiten
Beispiele
1. Der Meister sagt, der Auszubildende sei ein Dummkopf.
2. Der Meister, sagt der Auszubildende, sei ein Dummkopf.
(Im ersten Satz macht der Meister eine Aussage, im zweiten der Lehrling.)
3. Graf Bobby berichtet, Graf Rudi habe wieder eine Albernheit begangen.
4. Graf Bobby, berichtet Graf Rudi, habe wieder eine Albernheit begangen.
(Im dritten Satz berichtet Graf Bobby, im vierten Graf Rudi.)
5. Ich verbiete ihm, einen groben Brief zu schreiben.
6. Ich verbiete, ihm einen groben Brief zu schreiben.
Merke:

Das Komma steht zur Vermeidung von Mißverständnissen.

Übung 49: Setze die Kommas, und erkläre den sich ergebenden Sinn.
1. Der Lehrer sagt der Rektor sei für zwei Tage beurlaubt.
2. Der Gläubiger meint der Schuldner habe keinen allzu guten Charakter.

3. Vater schickte uns das Buch nicht aber das Geld.
4. Er versprach jeden Tag zu schreiben.
5. Sie gelobte ihm treu zu sein.
6. Claudia gestand der Mutter bei der Arbeit nicht geholfen zu haben.
7. Es war nicht taktvoll von ihm zu reden.
8. Er beschloß heute seine Zelte in X abzubrechen.
9. Karl versprach ihr zuzuhören.
10. Sie erhielten den Brief nicht aber das Paket.

Wiederholung
1. Unser Haus stand am Fluß genau neben der Brücke.
2. Das Mädchen freute sich weil ihr Vater ihr einen Luftballon gekauft hatte.
3. Der Himmel finster und gewitterschwül hing wie Blei über uns.
4. Wußten Sie schon daß der Zitronenfalter ein Mann ist der Zitronen faltet?
5. Beim Landklima sind die Sommer heiß und die Winter kalt.
6. Er sprach so leise daß man Mühe hatte ihn zu verstehen.
7. Paul stieg die beiden Koffer in seinen schwachen Händen die Treppe hinauf.
8. Der Junge blaß und kränklich sollte zur Erholung auf die Insel Sylt geschickt werden.
9. Herr Segreb hat die Gründe für seinen Rücktritt angegeben schriftlich sogar.
10. Dieses Buch liebe Edith schenke ich dir!

2.18 **Das Komma vor und bzw. oder**

Merke

> Vor u n d bzw. o d e r wird ein Komma gesetzt, wenn . . .

2.18.1 Fritz schwamm, und Karl lag in der Sonne.
Armin muß früher aufstehn, oder die Schule muß später beginnen.

> . . . ein vollständiger Hauptsatz folgt,

2.18.2 Karl nahm an, alle Aufgaben richtig gelöst zu haben, und gab
bedenkenlos sein Heft ab.
Der Angeklagte gab zu, daß er schuldig sei, und versank in
dumpfes Brüten.

> . . . ein Gliedsatz oder ein erweiterter Infinitiv mit „zu" voraus-
> geht,

2.18.3 Wir werden eisern sparen, und wenn das nicht reicht, leihen
wir uns Geld.
Um vier Uhr begann Hans mit seinen Hausaufgaben, und als
es um sieben Uhr Abendessen gab, hatte er alles erledigt.

> . . . es vor einer Konjunktion (einem Bindewort) steht,

2.18.4 Klaus, mein Freund, und ich gehen jeden Mittwochnachmit-
tag schwimmen.
Eva, meine Cousine, und ihr Mann fahren im Sommer nach
Spitzbergen.

> . . . eine Apposition (Beisatz) vorausgeht,

2.18.5 Axel beklagte sich, und das mit Recht.
Ich besuche Sie bestimmt, und zwar in Kürze.

> . . . ‚und das' − ‚und zwar' eine nachgestellte genauere Bestim-
> mung einleitet.

2.19 Das Komma in Verbindung mit anderen Satzzeichen
2.19.1 Komma und Gedankenstrich vgl. 7.7.1 und 7.7.2, S. 93f.
2.19.2 Komma und Anführungszeichen vgl. 2.9.6 ff., S. 42.
2.19.3 Komma und Klammern vgl. 9.3.2, S. 110.

2.20 Zusammenfassung
Die Kommaregeln lassen sich zu 4 Gruppen zusammenfassen:
1.   Das Komma trennt Aufzählungen
1.1   Ausnahmen

2.   Das Komma trennt erklärende Zusätze bzw. Einschübe
2.1   Ausnahmen

3.   Das Komma trennt satzwertige Satzglieder
3.1 Ausnahmen

4.   Das Komma trennt die Sätze im Satzgefüge
4.1 Ausnahmen

Übung 50: Schreibe die einzelnen Kommaregeln aus dem Gedächtnis (sinngemäß) auf, und ordne sie einer der Gruppen zu.
Gehe dann die einzelnen Regeln durch, und ordne nun auch die noch einer Gruppe zu, die beim Aufschreiben vergessen worden sind.

3 Der Strichpunkt (Das Semikolon)

Der Strichpunkt steht, wenn ein Komma zu schwach, ein Punkt aber zu stark trennt. Da im einzelnen oft nicht eindeutig auszumachen ist, wann das eine, wann das andre der Fall ist, bleibt es nicht selten dem Schreibenden überlassen, ob er einen Strichpunkt, ein Komma oder einen Punkt setzt. Im allgemeinen aber gilt:

3.1 Beispiele
    1. Mit meinem Chef komme ich nicht mehr zurecht; er ist seit einigen Wochen wankelmütig und launisch.
    2. Ich war im Hof und habe mein Fahrrad geputzt; deswegen habe ich das Telefon nicht gehört.

Merke:

> Der Strichpunkt steht zwischen Hauptsätzen, wenn sie ihrem Inhalt nach eng zusammengehören.

Übung 51: Setze die Strichpunkte und die Kommas.
1. Du darfst nicht auf deine vermeintlich guten Freunde hören die Leute haben im Grunde gar kein Interesse an dir.
2. Fritz war während der letzten Wochen krank er konnte daher die Arbeit nicht mitschreiben.
3. Im Dienst ist unser Chef streng ja geradezu pedantisch in Gesellschaft aber läßt er sich gehen und betrinkt sich.
4. Wir beruhigten Bärbel deren Luftballon davongeflogen war sie sollte einen neuen bekommen.
5. Nicht alle konnten zu dem Fest gehen es mußten auch einige als Feuerwache und zur Betreuung der Alten Kranken und Kleinkinder zu Hause bleiben (Hesse).

6. Auf der niederen Brückenmauer saß ein Mann und schlief neben ihm saß ein kleiner Hund der ihn bewachte (Hesse).
7. Am Fuße des Berges dehnte sich ein weiter Wiesengrund hier floß ein breiter Bach . . . zwischen Erlen und Weiden dahin (Hesse).
8. Herr Gruber war ein feiner gebildeter Mensch als Vorgesetzter jedoch hat er versagt.
9. Verkappte Gliedsätze haben kein Einleitewort sie können nur durch Erfragen erkannt werden.

3.2   Beispiele
1. Den Zorn, der dich am Abend ergreift, laß ruhen bis zum nächsten Morgen; wenn er dich am Morgen ergreift, so laß ihn ruhen bis zum Abend.
2. Wir werden dich übermorgen wieder besuchen, wenn wir bis dahin nichts von dir hören; doch wenn es dir besser geht, rufe an.

Merke:

> Mehrere Satzgefüge, die inhaltlich zusammenhängen, werden durch den Strichpunkt getrennt.

Übung 52: Setze die Strichpunkte und die Kommas.
1. Maria hatte sich vorgenommen jeden Tag eine Stunde Französisch zu lernen aber nach einem halben Jahr wußte sie nur wenig Wörter mehr als zuvor.
2. Herr Schulze kaufte sich kein Los weil er noch nie etwas gewonnen hatte doch hätte er gewußt daß ein Haus zu gewinnen war hätte er diesmal eins gekauft.
3. Frau Meyer geht arbeiten weil es ihrer Familie am Nötigsten fehlt Herr Meyer aber verlebt seine Tage zu Hause und im Wald weil ihm jede geregelte Arbeit zuwider ist.
4. Die Kinder verwahrlosten weil sich niemand um sie kümmerte als sie aber von der Schule schlechte Noten mit nach Hause brachten gaben die Eltern den Lehrern die Schuld.
5. Herr B. ist stets bemüht die neueste Fachliteratur zu lesen unterhält man sich aber mit ihm merkt man bald daß er nur mit Schlagworten um sich wirft aber nicht viel weiß.
6. Sie waren schon lange gewandert ohne in ein Dorf zu kommen oder einem Menschen zu begegnen es war schon spät und sie hatten Hunger.

7. Nachdem wir uns begrüßt und die aufregendsten Reiseerlebnisse erzählt hatten aßen wir gut zu Abend dann setzten wir uns auf den Balkon rauchten tranken Wein und erzählten bis das Städtchen ruhig geworden war und die Uhren Mitternacht schlugen.

8. Also so ein Luder sagte Herr Graf fest mit dem Fuß auf die Erde stampfend aber er wollte durchaus nicht sagen weshalb er so schlecht auf seine Schwester zu sprechen war.

9. Der Lärm der Stadt das Hupen Rauschen und Brausen betäubte ihn und die wechselnden Lichter blendeten ihn so war er ganz verwirrt als er endlich vor seinem Hotel ankam.

10. Weil sich der arme Kerl nicht mehr zu helfen wußte wandte er sich an die Behörde aber da wurde er von einem Zimmer zum andern geschickt bis er erkannte daß er auch hier keine Hilfe zu erwarten hatte.

11. Mein verehrter Vater verstand wenig vom Studieren weil er sein ganzes Leben mehr mit der Hand als mit dem Kopf gearbeitet hatte so dachte er man brauche nur ein Buch in die Hand zu nehmen und es zu lesen wie eine Tageszeitung und schon sei man ein gelehrter Herr.

12. Obwohl wir unser Auto erst in der letzten Woche zur Inspektion in der Werkstatt hatten ließ sich heute schon wieder ein schnarrendes Geräusch im Motor hören wir müssen das Auto deshalb sofort wieder in die Werkstatt bringen damit uns die Reparatur nicht nochmals berechnet werden kann.

3.3 Beispiel

Bei unserem Obsthändler bekommst du Äpfel und Birnen; Kirschen, Zwetschen, Pfirsiche, Aprikosen, Mirabellen und Renekloden; Erdnüsse, Walnüsse, Haselnüsse und Paranüsse; Orangen, Mandarinen und Pampelmusen.

Merke:

> Der Strichpunkt trennt die zu Gruppen und Sinneinheiten zusammengefaßten Glieder einer Aufzählung.

Übung 53: Setze die Strichpunkte und Kommas.

1. In unserem Garten pflanzen wir Weißkohl Rotkohl Blumenkohl Himbeeren Stachelbeeren und Johannisbeeren Karotten rote Rüben und Schwarzwurzeln.

2. In unserem Wald wachsen Eichen Buchen und Birken Lärchen Kiefern Tannen Fichten Brombeeren Heidelbeeren und Preiselbeeren.

3. Im Warenhaus findet man Unterwäsche Kleider Hüte und Schuhe Möbel Teppiche Lampen Filme Photoapparate und Filmkameras Bücher Briefpapier Schreib- und Zeichengerät Seife Lippenstifte Maniküresets und Parfüm Rauchwaren und Schmuck.

4. In der Schule lernten wir Englisch Französisch und eine dritte Fremdsprache die wir wählen konnten Mathematik Physik und Chemie Geschichte Erdkunde und Sozialkunde Musik Zeichnen und Werken Stenografie und Maschinenschreiben.

4 Der Doppelpunkt

4.1 Wörtliche Rede

Beispiele

1. Der Bauer sagt: „Mai naß und kühl bringt an Futter viel."
2. Der Winzer sagt: „Maiwasser trinkt den Wein aus."
3. Als der Skeptiker meinte: „Eine Schwalbe macht noch keinen Sommer", antwortete ich ihm: „Aber sie kündigt den Sommer an."

Merke:

> Der Doppelpunkt steht vor der angekündigten wörtlichen Rede.
> Großschreibung nach dem Doppelpunkt.

4.2 Angekündigte Aufzählungen

Beispiele

1. Wegen Aufgabe meines Geschäfts verkaufe ich:
   zwei Hobelbänke
   drei Schnitzmesser
   eine fast neue Kreissäge
2. Jedes Parlament bildet u.a. die folgenden Ausschüsse, die dem Geschäftsbereich eines Ministers entsprechen: Finanzausschuß, Innenausschuß, . . .

Merke:

> Der Doppelpunkt steht vor angekündigten Aufzählungen.
> Kleinschreibung nach dem Doppelpunkt.

.4.3 **Angekündigte Sätze, Satzstücke, Einzelwörter**
Beispiele
1. Kästner, Erich: Pünktchen und Anton.
2. Eine weitere Möglichkeit unsres neuen Gerätes: Man kann damit nicht nur Knöpfe annähen, sondern falsch angenähte im Nu wieder abtrennen.
3. Letzte Meldung des Wetteramtes: stellenweise Glatteis.
4. Sport: befriedigend.

Merke:

> Der Doppelpunkt steht vor angekündigten Sätzen, Satzstücken, Einzelwörtern.
> Großschreibung nur der Hauptwörter, der Satzanfänge und der [Buch]titelanfänge nach dem Doppelpunkt.

4.4 Zusammenfassungen und Folgerungen
Beispiele
1. Ich schaute mich in Brügge um: überall Giebel, Fassaden und Türme aus einer längst vergangenen, glanzvollen Zeit.
2. Der Wagen ist innen wie außen gepflegt, er hat keine Roststellen, der Motor läuft ruhig und wurde nachweislich regelmäßig nachgesehen: Sie können den Wagen bedenkenlos zu diesem Preis kaufen.

Merke:

> Der Doppelpunkt steht vor Zusammenfassungen und Folgerungen. Kleinschreibung nach dem Doppelpunkt. Ausnahme: Hauptwort u. Anrede

Übung 54: Setze in den folgenden Sätzen den Doppelpunkt. Denke dabei an die richtige Groß- und Kleinschreibung.
1. Mutter fragte „haben wir alles?"
2. Vorige Seite unsre Fußballmannschaft.
3. Für den Sammler ist immer wieder wichtig wo und wie erhalte ich neue Objekte?
4. Nach dreistündiger harter Wanderung erreichten wir unser Ziel ein Felsvorsprung von dem aus man weit ins Rheintal hinein sehen kann.

5. Zahlwörter sind nötig, „wenn ein Hauptwort über die Einzahl oder Mehrzahl hinaus zahlenmäßig näher bestimmt werden soll null Grad, ein Haus, zwei Bücher, zehn Jahre, hundert Mark" (Meyers Großer Rechenduden, S. 9).

6. Unsre Reiseroute liegt längst fest von Mainz aus fahren wir nach Köln, von da über Aachen nach Brüssel und dann weiter an die belgische Nordseeküste.

7. Nur auf eins hat es dieser Mensch abgesehen die Arbeitskollegen gegeneinander aufzuwiegeln und dabei sein Schäfchen ins trockene zu bringen.

8. Seine Unfähigkeit zeigt sich deutlich in folgenden Situationen werden seine Anordnungen kritisiert, nimmt er die Kritik persönlich und reagiert gereizt statt ruhig und sachlich; seine Mitarbeiter informiert er entweder überhaupt nicht oder falsch.

9. Die 16 Mitglieder des 1949 gegründeten Deutschen Gewerkschaftsbundes sind Industriegewerkschaft Metall, Industriegewerkschaft Druck und Papier, . . .

10. Der DGB formulierte 1965 u.a. folgende Forderungen Zahlung eines 13. Monatsgehalts, Einführung des 10. Schuljahres, Verabschiedung eines Berufsbildungsgesetzes, . . .

11. 1972 wurde im neuen Aktionsprogramm des DGB u.a. gefordert kürzere Arbeitszeit, längerer Urlaub, höhere Löhne und Gehälter, . . .

12. Der Grundsatz einer jeden Regierungstätigkeit muß lauten salus populi suprema lex esto (das Wohl des Volkes sei oberstes Gesetz).

4.5 Der Doppelpunkt in Verbindung mit anderen Satzzeichen

4.5.1 Doppelpunkt und Gedankenstrich vgl. 7.7.3, S. 95.
4.5.2 Doppelpunkt und Klammern vgl. 9.3.3, S. 111 f.
4.5.3 Doppelpunkt und Anführungszeichen vgl. 4.1, S. 76.

5 Das Fragezeichen

5.1 Beispiele

1. Sind Sie der Leiter der Gruppe?
2. Hat jeder von Ihnen seinen Ausweis dabei?
3. Haben Sie etwas zu verzollen?

4. Sind Sie unterrichtet, daß wir zur Zeit im Grenzbereich eine Geschwindigkeitsbegrenzung haben?
5. Ob nun bald alle Fragen beantwortet sind?

Merke:

> Das Fragezeichen steht nach jedem direkten Fragesatz; es steht auch nach einem alleinstehenden fragenden Gliedsatz (Bsp. 5).

Übung 55: Schreibe zehn Fragen auf, die man im Hotel stellt. Beispiel: Haben Sie ein Zimmer frei? Wann gibt es Mittagessen?

Übung 56: Bilde Fragen, zu denen die 13 folgenden Antworten passen.
1. Ja, ein Gebirge durchzieht unser Land; es hat sogar der Halbinsel ihren Namen gegeben.
2. Das Rhodopengebirge.
3. Es grenzt uns gegen unseren südlichen Nachbarn ab.
4. Die Maritza durchfließt unser Land.
5. Wir haben wenig Industrie.
6. Unsre Bauern bauen all das an, was der deutsche Bauer auch anbaut: Getreide, Zwiebeln, Paprika, Kartoffeln.
7. Eine Besonderheit gibt es bei uns: Unsre Bauern pflanzen Rosen.
8. Die Rosenblätter werden gesammelt und gepreßt; aus ihnen gewinnt man das Rosenöl.
9. Aus 4000 Kilogramm Rosenblättern erhält man 1 Liter Rosenöl.
10. Der Name einer Stadt ist dafür bekannt geworden.
11. Bekannt sind auch die Handarbeiten unserer Frauen, besonders ihre Stickereien.
12. Sie können in unserm Land auch einen Badeurlaub verbringen, und zwar an der Küste eines Binnenmeeres.
13. Sie kennen nun alle wichtigen Merkmale unseres Landes, um es zu erraten.
14. Sie wissen, nach welchem Land wir fragten.

5.2   Rhetorische Fragen
Beispiele
1. Technischer Fortschritt bis zur Selbstzerstörung?
2. Darf man alles der Zeit überlassen? (Carlo Schmid, Politik und Geist, Stuttgart 1964, Ernst Klett Verlag, S. 217.)

3. Gibt es nicht Stunden, die eine besondere Zukunftsträchtigkeit haben? (Ebenda).
4. Ist nicht vielleicht heute eine solche Stunde? (Ebenda).

Merke:

> Das Fragezeichen steht nach rhetorischen Fragen, auf die keine Antwort erwartet wird.

Übung 57: Bilde Fragesätze.
1. Wir wollen, daß unser Trinkwasser rationiert wird.
2. Das können wir gutheißen.
3. Die Fahrten in den Weltraum ließen die Bäume der Menschen in den Himmel wachsen.
4. Wir wollen, daß es unseren Kindern schlechter geht als uns.
5. Sie will länger im Krankenhaus bleiben, als nötig ist.
6. Man verzichtet gern auf Urlaub. (Wer . . .)
7. Wir sollen auf jede Annehmlichkeit verzichten.

5.3   **Fragesätze in Form eines Aussagesatzes**
      Beispiele
      1. Er kam schon heute?
      2. Du hast den ersten Preis gewonnen?

Merke:

> Das Fragezeichen steht nach Sätzen, die die Form des Aussagesatzes haben, aber durch ihre B e t o n u n g beim Sprechen zu Fragesätzen werden.

Übung 58: Bilde aus den Fragesätzen Sätze in der Form der Aussage, aber kennzeichne sie als Frage.
Beispiel: Hat er selbst die Blumen überreicht?
Er selbst hat die Blumen überreicht?
1. Sind Sie Weinkenner?
2. Hat Hans die Fensterscheibe eingeworfen?
3. Verteidigt Rechtsanwalt Morla den Angeklagten Mohls?
4. Hat sie das wirklich von mir gesagt?
5. Hat Frau K. das Buch über Ägypten geschrieben?
6. Ist X der Kanzlerkandidat der Opposition?
7. Kennen Sie den Minister persönlich?

5.4 **Fragewörter, Einzelwörter, Satzstücke**
Beispiele
1. Wie?
2. Wann?
3. Erledigt?
4. Fertig?
5. Das Eis mit oder ohne heiße Himbeersoße?

Merke:

> Das Fragezeichen steht nach Fragewörtern, Einzelwörtern und
> Satzstücken, wenn damit gefragt wird.

Übung 59: Frage mit einem Fragewort, einem Satzstück o. ä. zurück.
Beispiel: Ich war in Kanada. – Wie lange?

1. Sie können leicht Geld verdienen.
2. Du darfst heute mittag nicht ins Schwimmbad.
3. Ich habe 10 000 Mark gewonnen.
4. Hubert hat nun doch eine Lehrstelle bekommen.
5. M. hat geheiratet.
6. Ich habe im Lotto gewonnen.
7. Es ist schon wieder ein schweres Zugunglück passiert.
8. Ich hab' ihm ein Märchen aufgetischt.
9. Wir wollen nächsten Monat verreisen.
10. Detlef hat seine Prüfung mit Eins gemacht.
11. H. ist von zu Hause weggelaufen.
12. Ein siebenjähriger Junge wird vermißt.
13. Ein Paket Taschentücher bitte.
14. Bitte volltanken!

5.5 **Indirekte Fragesätze**
Ausrufe
Beispiele
1. Ich fragte meine Schwester, ob sie den Fernsehkrimi gesehen habe.
2. Fritz wollte wissen, ob ich heute abend zu ihm komme.
3. Was sind das wieder für Possen!

Merke:

> K e i n Fragezeichen steht nach
> einem indirekten Fragesatz (Bsp. 1 und 2)
> einem Ausruf des Erstaunens und der Überraschung, auch wenn
> er Frageform hat (Bsp. 3). Vgl. 6.6.

Übung 60: Setze die Satzschlußzeichen und die Kommas.

Gespräch zwischen Vater (V.) und kleinem Sohn (S.)

S. Du Vati darf ich dich was fragen

V. Stör mich nicht

S. Warum darf ich dich denn nicht stören

V. Weil ich Zeitung lese

S. Warum darf ich dich denn beim Zeitunglesen nicht stören

V. Weil ich nicht gestört sein will
   Sei jetzt ruhig

S. Du Vati was machst du denn wenn das Telefon läutet

V. Ich gehe hin und hebe ab

S. Auch wenn du Zeitung liest

V. Ja auch wenn ich Zeitung lese

S. Aber warum darf dich denn das Telefon beim Zeitunglesen stören

V. Es könnte ein wichtiger Anruf sein

S. Aber meine Frage könnte auch wichtig sein

V. Kaum

S. Das kannst du aber nicht wissen
   Vielleicht ist sie auch nur für mich wichtig

V. Mag sein

S. Und was machst du wenn es an der Haustür läutet

V. Ich gehe hin und sehe nach wer da ist

S. Auch wenn du Zeitung liest

V. Ja mein Sohn auch wenn ich Zeitung lese

S. Du läßt dich von einem Klingeln an der Haustür stören du läßt
   dich vom Telefon stören nur ich darf dich nicht stören. Ich möchte
   wissen warum das so ist

V. Vielleicht laß ich mich auch nicht stören vielleicht bitte ich Mutti
   ans Telefon oder an die Haustür zu gehen

S. Und wenn Mutti nicht gestört werden will

V. Sei jetzt still

S. Das verstehe ich nicht
   In der Schule heißt es: „Fragt! Fragt! Unsre Schule ist deshalb so
   verkehrt weil der Lehrer fragt. Die Schüler müßten fragen!“ Nun
   frage ich heißt es: „Sei still!“ Warum darf ich nicht fragen

V. Weil du mir mit deinen Fragen auf die Nerven gehst

S. Vorhin hast du gesagt du willst beim Zeitunglesen nicht gestört sein
  Was stimmt jetzt

V. Laß mich jetzt endlich meine Zeitung lesen

S. Du Vati

V. Sei still

S. Schade

V. Warum ist das schade Das ist gar nicht schade

S. Ich hätte dich so gern etwas gefragt

V. Also mein Sohn was willst du wissen

S. Vati warum dürfen Erwachsene Kinder beim Spielen stören

V. Tun sie das

S. Immer

V. Immer

S. Na sehr oft

V. Siehst du daß du mal wieder unrecht hast
  So und was willst du noch fragen

S. Mutti läßt fragen ob du zum Essen kommen willst

V. Ja gewiß

S. Aber du willst doch Zeitung lesen

V. Jetzt nicht mehr

S. Essen Telefon Zeitung Klingeln an der Tür sie alle sind wichtiger als meine Fragen

(Mit besonderer Erlaubnis des Verfassers.)

5.6   Das Fragezeichen in Verbindung mit anderen Satzzeichen

5.6.1 Fragezeichen und Klammern vgl. 9.3.4, S. 112.

5.6.2 Fragezeichen und Gedankenstrich vgl. 7.7.5, S. 96 f.

5.6.3 Fragezeichen und Anführungszeichen vgl. 8.6.3, S. 104.

6   Das Ausrufezeichen

6.1   Besondere Mitteilung – eindringliche Aussage
Beispiele
1. Ein Meisterwerk macht vieles überflüssig, was kleine Leute allenfalls hinterher schreiben könnten! (Hochhuth, in: Westermanns Monatshefte, 5/1979, S. 7).

2. Wir kommen gut voran!
3. Sie versuchen, mich zu überführen, doch ich war es nicht!
4. Wir hatten im Juli Schnee!

Merke:

> Das Ausrufezeichen steht nach einer Mitteilung, die mit Nachdruck gesprochen wird.
> Es kann auch nach der Mitteilung einer ungewöhnlichen Begebenheit stehen (Bsp. 4).

6.2   Befehl — Aufforderung — Wunsch
Beispiele
1. Stehenbleiben!
2. Unterscheide Zahl und Ziffer!
   (Nicht die Arbeitslosenziffer ist zurückgegangen, sondern die Arbeitslosenzahl! Nicht die Geburtenziffer ist gesunken, sondern die Geburtenzahl!)
3. Hätte ich die Prüfung nur schon bestanden!
4. Glückliche Reise!

Merke:

> Das Ausrufezeichen steht nach einem Befehl,
> einer Aufforderung,
> einem Wunsch.

6.3   Abhängige Befehls-, Wunsch-, Ausrufesätze
Befehl und Wunsch, die ohne besonderen Nachdruck gesprochen werden
Beispiele
1. Der Polizist sagte dem betrunkenen Autofahrer, er müsse mit aufs Revier kommen.
2. Karl hoffte, er werde das Rennen gewinnen.
3. Der Angeklagte rief, er sei unschuldig.
4. Schreibe die Übung einmal ab.

Merke:

> K e i n Ausrufezeichen steht nach einem abhängigen Befehls-, Wunsch-, Ausrufesatz.
> K e i n Ausrufezeichen steht, wenn der Wunsch oder der Befehl ohne besonderen Nachdruck gesprochen wird. Vgl. S. 9.

Übung 61: Setze Punkt, Ausrufezeichen oder Fragezeichen. Vergiß die Kommas nicht.

Gespräch zwischen dem Fahrlehrer (FL) und dem Fahrschüler (FS)

FL: Legen Sie den Gurt an
FS: Was nun
FL: Lassen Sie den Motor an
   Fahren Sie los
FS: Aber ich weiß gar nicht wie das geht
FL: Kuppeln Sie und legen Sie den ersten Gang ein
   Lassen Sie die Kupplung langsam kommen und geben Sie Gas
FS: Warum fährt der Wagen denn nicht
FL: Denken Sie mal nach
FS: Ich weiß es nicht
FL: Sie haben die Handbremse nicht gelöst
   So jetzt dasselbe nochmal
FS: Der Motor läuft schon wieder nicht mehr was hab ich denn jetzt
   falsch gemacht
FL: Sie haben den Motor abgewürgt
FS: Und wie das
FL: Sie haben die Kupplung zu schnell kommen lassen
   Also nochmal
FS: Wunderbar wir fahren
FL: Sehen Sie im Außenspiegel die linke Fahrbahn
   Können Sie im Rückspiegel den Verkehr hinter sich beobachten
   Schalten Sie in den nächsthöheren Gang
FS: Ich krieg' den Gang nicht rein
FL: Sie müssen kuppeln
FS: Warum kracht es immer wenn ich schalte
FL: Sie treten die Kupplung nicht durch
   Halt
FS: Warum muß ich denn halten
FL: Sehen Sie denn nicht das Stoppschild
FS: Was soll ich denn nun machen
FL: Ziehen Sie den Wagen ganz langsam vor
FS: Wie weit
FL: Bis Sie die Straße nach links und rechts einsehen können
FS: Wenn sie frei ist kann ich dann losfahren
FL: Nein bei einem Stoppschild müssen Sie den Wagen auf jeden
   Fall zum Stehen bringen
   Fahren Sie los
   Schon wieder abgewürgt

      Lassen Sie mich das mal hier an der Kreuzung machen
      Lenken Sie
FS: Habe ich hier Vorfahrt
FL: Hier gilt rechts vor links
      Biegen Sie links ab
      Sie müssen blinken
FS: Wo ist der Schalter für den Blinker
FL: Passen Sie doch auf Sie müssen den Gegenverkehr vorbeilassen
FS: Warum hupt denn da ständig einer hinter uns
FL: Weil Sie den Verkehr blockieren
      Fahren Sie auf dem kürzesten Weg zur Fahrschule zurück
(Mit besonderer Erlaubnis des Verfassers.)

Übung 62: Bilde mit den eingeklammerten Ausdrücken Wunschsätze. Die mit + gekennzeichneten Sätze sollen mit „hoffentlich" gebildet werden. „Würde" darf nicht gebraucht werden!
Bsp.: Die Kinder denken (bald schneien) +
      Hoffentlich schneit es bald!
      Der Kranke denkt (Operation überstehen)
      Wäre die Operation doch schon überstanden!

  1. Die Schüler denken (hitzefrei geben) +
  2. Die 13jährige denkt (schon 18 Jahre alt sein)
  3. Der 60jährige denkt (20 Jahre alt sein)
  4. Der Bergsteiger denkt (gut über die Gletscherspalte kommen) +
  5. Der Amateurfotograf denkt (meine Aufnahmen gelingen) +
  6. Der Frierende denkt (Mantel mitgenommen haben)
  7. Der Verkehrssünder denkt (nicht erwischt werden) +
  8. Wer in Sturm und Regen ist, denkt (zu Hause sein)
Bilde die folgenden Wunschsätze sowohl mit als auch ohne „hoffentlich".
  9. Der 15jährige denkt (Moped von meinen Eltern bekommen)
10. Der Kandidat denkt (Prüfung bestehen)
11. Die Parteiführung denkt (Wahl gewinnen)

6.4   **Ausrufe**
      Beispiele
      1. Das ist ja wunderbar!
      2. Das gab es noch nie!
      3. Wunderbar!
      4. Großartig!

Merke:

> Das Ausrufezeichen steht nach einem Ausruf.

Übung 63: Schreibe zwölf Ausrufe auf, die man in einem überfüllten Bus und auf dem Jahrmarkt hören kann.
Beispiele: Au, das waren meine Füße!
Hier wird gespielt, hier wird gewonnen!
Zwei Würstchen für nur eine Mark!

6.5 **Anreden**
Beispiele:
1. Sehr geehrter Herr Müller!
2. Sehr verehrte, liebe Frau Mayer!
3. Sehr verehrte Damen, sehr geehrte Herren!
4. Meine Damen und Herren!

Merke:

> Das Ausrufezeichen steht nach einer Anrede zu Beginn eines Briefes, einer Rede usw.
> Es kann aber auch ein Komma stehen, vgl. 2.3, S. 20.

6.6 **Ausrufesätze in Form einer Frage**
Beispiele
1. Was ist das wieder für ein Unsinn!
2. Wem kann man denn heute noch trauen!

Merke:

> Das Ausrufezeichen steht nach einem Ausruf in Frageform.

Übung 64: Setze Ausrufezeichen, Fragezeichen oder Punkt. Denk an die Kommas.
Karl: Hoffentlich bekommen wir nächsten Monat schönes Wetter
Gerd: Warum wünschst du dir gerade für den nächsten Monat schönes Wetter
Karl: Wir wollen verreisen.
Gerd: Wohin soll es denn gehen
Karl: Wir fahren nach München
Gerd: Das ist ja prima besuch dort aber nicht nur das Hofbräuhaus sondern auch das Deutsche Museum
Das Deutsche Museum muß man gesehen haben

Karl: Ja, das will ich ich habe mir schon eine Reihe Fragen aufge-
         schrieben
Gerd: Was willst du denn alles wissen
Karl: Bedrohen Umweltverschmutzung und Schädlingsbekämp-
         fung auch unsere Schmetterlinge
         Sind die Röntgenstrahlen nach Wilhelm Conrad Röntgen
         (1845–1923) benannt
         Ist der deutsche Uhrmacher Heinrich Goebel oder der Ame-
         rikaner Edison der Erfinder der Glühbirne
         Wer hat das Tonband erfunden
         Außerdem möchte ich gerne wissen weshalb die Tage von
         Ende Juli bis Ende August „Hundstage" heißen
Gerd: Das kann ich dir sagen
         während der sogenannnten Hundstage also von Ende Juli bis
         Ende August steht die Sonne im Zeichen des Hundssterns der
         auch Sirius heißt deshalb heißen diese Tage „Hundstage"
Karl: Vielen Dank für die Auskunft
         Verreist Ihr auch
Gerd: Ja wir wollen in Luxemburg Freunde besuchen
Karl: Weißt du was der Name „Luxemburg" bedeutet
Gerd: Ja Luxemburg bedeutet Lützelburg das ist „kleine Burg"
Karl: Was du nicht alles weißt
Gerd: Danke Glückliche Reise
Karl: Frohe Fahrt
Karl
und Gerd: Frohes Wiedersehen

Übung 65: Bilde aus den Fragesätzen Befehlssätze.
Bsp.:   Meidest du allzu heiße und allzu kalte Speisen?
         Meide allzu heiße und allzu kalte Speisen!
         Meiden Sie allzu heiße und allzu kalte Speisen!
         Meidet allzu heiße und allzu kalte Speisen!
1. Härtest du dich ab?
2. Treibst du in der Woche mindestens zweimal Sport?
3. Schläfst du regelmäßig und ausreichend?
4. Ißt du wenig aber regelmäßig?
5. Sparst du an Alkohol und Nikotin
6. Gehst du mehr als du Auto fährst?
7. Bewegst du dich täglich mindestens eine Stunde in frischer Luft?
8. Vergißt du einmal am Tag alle deine Sorgen?

9. Spannst du wenigstens einmal in der Woche aus und suchst die Stille?
10. Siehst du dir die Natur mit offenen Augen an?
11. Nimmst du Rücksicht auf andre?
12. Gibst du und nimmst du?

6.7 Das Ausrufezeichen in Verbindung mit anderen Satzzeichen

6.7.1 Ausrufezeichen und Anführungszeichen vgl. 8.6.3, S. 104.
6.7.2 Ausrufezeichen und Gedankenstrich vgl. 7.7.5, S. 96 f.
6.7.3 Ausrufezeichen und Klammern vgl. 9.3.4, S. 112.

7 Der Gedankenstrich

Der Gedankenstrich bezeichnet eine Denkpause. Der Gedankengang wird unterbrochen; es folgt entweder ein neuer Gedanke, oder der Leser muß sich „sein Teil dazu denken".

7.1 Wechsel des Sprechers

Beispiel

Ein Jude trifft einen anderen Juden an der Bahn. – „Wos machst du?" – „Ich reise ab." – „Wos reist du ab?" – „Ich flieh." – „Warum? Bist du meschugge?" – „Na, hast du nix gelesen: alle Kamele werden getötet wegen Seuchengefahr?" – „Na und? Du bist doch kein Kamel!" – „Beweis du ihnen!" (Kurt Tucholsky, zitiert nach: Westermanns Monatshefte, Juni /6 1979, S. 96.)

Merke:

> Der Gedankenstrich kennzeichnet den Wechsel des Sprechenden.

Übung 66: Schreibe das im folgenden wiedergegebene Gespräch zwischen Eltern (E) und Sohn (S) in der gleichen Form wie das Gespräch der beiden Juden.
S: Ich will die Schuhe mit der Ziernaht.
E: Ich meine, wir sollten diese Schuhe hier kaufen.
S: Die gefallen mir nicht.
E: Die passen aber zu deinem Anzug.
S: Ich finde sie ausgesprochen doof.

E: Aber sie sind preiswert.
S: Die sind aus dem vorigen Jahrhundert.
E: Hier werden keine altmodischen Schuhe verkauft.
S: Die Schuhe drücken hinten, die scheuern mich wund.
E: Das läßt sich mit ein paar Hammerschlägen beheben.
S: Die Schuhe zerquetschen mir den kleinen Zeh.
E: Wir lassen sie über einen Leisten spannen und dehnen.
S: In diesen Schuhen verderbe ich mir meine Füße. Daran seid ihr
   schuld!
E: Welche Schuhe passen dir denn besser?
S: Die mit der Ziernaht.
(Mit besonderer Erlaubnis des Verfassers.)

7.2 **Stichwörter**
     Beispiele
     1. Befehlssätze − Aufforderungssätze − Wunschsätze
     2. Rechtschreibung − Grammatik − Stilbildung
     3. Überschrift − Buchtitel − Zeitungstitel − Betreffzeile
     4. Blasinstrumente − Streichinstrumente − Zupfinstrumente

Merke:

> Der Gedankenstrich steht zwischen Stichwörtern, die das
> Thema bezeichnen.

7.3 **Kommandos**
     Beispiele
     1. Im Laufschritt − marsch, marsch!
     2. zwei − drei!

Merke:

> Der Gedankenstrich steht zwischen Ankündigungs- und Aus-
> führungskommando.

Übung 67:
Setze Gedankenstrich und Ausrufezeichen.
1. Wasser marsch
2. Wasser halt

3. Schlauchtrupp vor
4. Greift an
5. Hebt auf

7.4 Denkpause — Überraschung
Beispiele
1. Das dreidimensionale Bild — die vollkommene Illusion (Herbert W. Franke, Eroberung der Räumlichkeit, in: Westermanns Monatshefte Sept./9 1978, S. 89).
2. All die schönen Landschaften, die wir im Theater, im Kino und im Fernsehen sehen, die Wälder und die Felder, die Wiesen und die Berge, sind oft nicht anderes als — bemalte Pappe.

Merke:

> Der Gedankenstrich deutet eine Denkpause an.
> Er bereitet auf etwas Unerwartetes vor.

Übung 68: Setze den Gedankenstrich. Denk an das Komma.
1. Herr Müller ein Mann auf den man sich verlassen kann.
2. Helle Möbel helle Freude.
3. Hopfen und Malz Gott erhalt's.
4. Steuererhöhung wir werden uns mit dem Gedanken vertraut machen müssen.
5. Wasserversorgung von Großstädten und Industrien ein schwer lösbares Problem.
6. Müll ein Rohstoff von morgen.
7. Gewiß kann Freiheit mißbraucht werden wie wäre sie sonst Freiheit!

7.5 Abbruch der Rede
Beispiele
1. Schweigen Sie, sonst —
2. Hast du deine Hausaufgaben gemacht, oder —
3. Liebt sie ihn, oder —
4. Verreist du im Urlaub, oder —
5. Helfen Sie mir, oder —

Merke:

> Der Gedankenstrich steht, wenn die Rede abgebrochen wird
> (weil es besser ist, den Rest zu verschweigen oder weil Weiteres
> vom Angesprochenen erwartet wird).

7.6 Eingeschobene Satzteile und eingeschobene Sätze
Beispiele
1. Unser Grundgesetz — seit 1949 in Kraft — gewährt den
   Bundesbürgern so viel Freiheit, wie sie vorher nie besaßen.
2. Die Massenmedien — man versteht darunter Zeitungen,
   Zeitschriften, Rundfunk und Fernsehen — beeinflussen das
   politische und moralische Denken der Menschen und setzen sittliche Normen.

Merke:

> Der Gedankenstrich steht vor und nach Sätzen, Satzgefügen
> und Satzteilen, die in einen anderen Satz eingeschoben sind.
> Vgl. 9.1 und 2.8.3 sowie 1.8.

Übung 69:
Setze in den folgenden Sätzen die eingeschobenen Sätze bzw. Satzteile in Gedankenstriche.

1. In unserer Bundesrepublik Deutschland haben im Gegensatz zur
   Weimarer Republik die kleinen Parteien keine Chancen, ins Parlament zu kommen.
2. Allein ohne Mitwirkung des Bundespräsidenten kann der Bundeskanzler aus dem Kreis der Minister seinen Stellvertreter bestellen (Theodor Eschenburg. Staat und Gesellschaft in Deutschland, Stuttgart 1956, S. 736).
3. Der Fiskus braucht fremdes Kapital, mit dem er die verschiedensten Vorhaben Straßen, Schulen, Krankenhäuser und vieles andre mehr finanziert.
4. Die modernen Industriegesellschaften das gilt für die Gesellschaft des Westens ebenso wie für die des Ostens stehen kaum
   lösbaren Problemen gegenüber.
5. In diesem Jahr hat unser Betrieb anders als in früheren Jahren
   erhebliche Verluste erlitten.
6. Solange der Aktienbesitzer seine Papiere nicht verkauft, stehen
   Kursverluste wie umgekehrt Kursgewinne nur auf dem Papier.

7. Entsprechend dem Grundsatz „Ein Betrieb — eine Gewerkschaft" werden Arbeiter, Angestellte und falls vorhanden auch Beamte aus einem Bereich in einer Gewerkschaft zusammengefaßt.
8. Der Junge wurde entgegen dem erklärten Willen seiner Eltern Tänzer und Schauspieler.
9. Der Dichter Sohn eines Pfarrers ist auch in seinem neuesten Werk Anwalt der Verführten und Bedrohten.
10. Die Bilder zeigen allerdings in schwarzweißer Wiedergabe die Hauptwerke des Künstlers.

7.7 Der Gedankenstrich in Verbindung mit anderen Satzzeichen

7.7.1 Gedankenstrich und Komma. Das Komma gehört zum übergeordneten Satz

Beispiele
1. Der Ausflug ist so gelungen — das ist die einstimmige Meinung der Teilnehmer —, daß er allen in bester Erinnerung bleiben wird.
2. Obwohl ich ein guter Wanderer bin — insgesamt bin ich mindestens einmal um den Erdball gewandert —, hat mich die heutige Wanderung sehr angestrengt.

Merke:

> Das Komma steht nach einem in Gedankenstrichen stehenden Einschub, wenn es auch ohne diesen Einschub stehen müßte.

Übung 70: Setze die Gedankenstriche und Kommas.
1. Die Menschen erfanden das Geld es waren die Lyder in Kleinasien im 7. Jahrhundert vor Christi um anstelle des Tauschhandels Kaufhandel betreiben zu können.
2. Das Gesetz sagt den Grund dafür kenne ich nicht daß niemand mehr als zwanzig Mark in Markmünzen und mehr als fünf Mark in Pfennigen anzunehmen braucht.
3. Wer im Arbeitsleben steht und das sind bei uns doch wohl die meisten 20- bis 60jährigen sorgt mit seiner Sozialabgabe für den Lebensunterhalt der im Ruhestand Lebenden.
4. Die Krankenkassen sind heutzutage gesetzlich verpflichtet die Sozialgesetzgebung wurde im Laufe der Zeit immer besser bei längerer Krankheit Krankenkosten und Verdienstausfall zu bezahlen.

5. Ich verurteile nicht die kleinen, sinnvollen Andenken ich spreche von jenem Kitsch Hände als Blumenvasen der Bundeskanzler als Salzstreuer der Präsident als Zierde eines Thermometers usw. der den Geschmack vieler Menschen verdirbt und ihnen obendrein das Geld aus der Tasche zieht.

6. Leonardo da Vinci dachte an Maschinen beispielsweise an eine Flugmaschine die erst von späteren Generationen verwirklicht wurden.

7. Er prophezeit und er wird recht behalten daß bei der nächsten Wahl die Opposition Regierungspartei wird.

8. Sie meinen es ist zwischen den Zeilen Ihres Briefes deutlich zu lesen daß ich mich mehr um die Sache hätte kümmern müssen.

9. Bitte doch jemand anderen zum Beispiel deinen Bruder hier einmal nach dem Rechten zu sehen.

10. In meiner Nachbarschaft wohnt eine Frau ich kenne sie nur vom Ansehen die immer nach der neuesten Mode gekleidet ist.

11. Peter ging auch am Samstag auf den Sportplatz er war jeden Tag der Woche dort gewesen um zum letztenmal vor dem Wettkampf zu trainieren.

12. Der Inhaber des oben genannten Sparbuchs Herr Fritz Meier mein Onkel hat mir das Sparbuch geschenkt.

7.7.2 Das Komma gehört zum Einschub

1. R. erreichte – im Gegensatz zu seinem Bruder, der ein fleißiger junger Mann ist – den Schulabschluß nicht.

Ohne Gedankenstrich: R. erreichte, im Gegensatz zu seinem Bruder, der ein fleißiger junger Mann ist, den Schulabschluß nicht.

2. Meine Freundin – obwohl sie jahrelang hart gearbeitet hatte, war ihr der Erfolg versagt geblieben – wurde jetzt über Nacht berühmt.

Ohne Gedankenstrich: Meine Freundin, obwohl sie . . .

Merke:

> Beginnt oder schließt der Einschub mit einem Gliedsatz, einer Apposition usw., dann steht k e i n Komma, weil der Gedankenstrich die Trennung übernimmt.

Übung 71: Setze in den folgenden Sätzen die Gedankenstriche und Kommas.

1. Der effektive Wert einer Aktie der Preis also den man beim Kauf bezahlt oder beim Verkauf erhält ist der Kurswert.
2. Immobilien jeder weiß daß sie in Zeiten fortschreitender Geldentwertung an Wert gewinnen sind heutzutage wieder sehr gefragt.
3. Leonardo da Vinci (15.4.1452−2.5.1519) man darf mit Recht sagen daß er zu den größten Geistern des Abendlands zählt war seiner Zeit weit voraus.
4. X wurde bestraft er erhielt zwei Jahre Gefängnis die er bis zum letzten Tag absaß und hat damit seine Schuld gebüßt.
5. Mein Nachbar er ist ein Mensch der sich ständig bewegen muß hämmert feilt und bohrt den ganzen Tag.
6. Ein kleines Büchlein mit einer handgeschriebenen Geschichte und einem selbstgemalten Bild er erhielt es von einer geliebten Frau bevor sie in die Fremde ging ist ihm ein teurer Besitz.
7. Für das Geld das sie von ihrer verstorbenen Tante erbte es war nicht allzu viel wie du dir denken kannst machte sie eine Reise nach Israel.
8. Hans war anders als seine Schwester die ein zurückhaltendes fast scheues Mädchen ist sehr vorlaut.
9. O. unternahm wenn man von ein paar Tagesausflügen absieht die er mit Berufskollegen machte keine Reisen.
10. Ich brauchte meinen Wagen von den Inspektionen abgesehen die von Zeit zu Zeit fällig sind in keine Werkstatt zu bringen.
11. Das alles war mir ich bitte Sie mir das zu glauben gar nicht recht.
12. Sie haben obwohl Ihnen mehrmals mündlich und schriftlich mitgeteilt wurde daß dies verboten ist Ihren Wagen doch wieder auf der Straße gewaschen.

7.7.3 **Gedankenstrich und Doppelpunkt**

Beispiele

1. Verlegen sagte er − er hatte wohl ein schlechtes Gewissen − : „Ja, ich war auch dabei."
2. Das alles heißt doch − darüber können auch schöne Worte nicht hinwegtäuschen −: Wir werden uns in Zukunft einschränken müssen.

Merke:

> Der Doppelpunkt steht nach dem zweiten Gedankenstrich, wenn er auch ohne den Einschub hätte stehen müssen.

Übung 72: Setze Gedankenstrich, Doppelpunkt, Anführungszeichen und Schlußzeichen. Vergiß das Komma nicht.

1. Wütend schrie er man sah ihm an daß er am liebsten zugeschlagen hätte was fällt Ihnen ein
2. Bärbel fragte immer wieder sie konnte den Tag nicht erwarten wann fahren wir endlich ans Meer
3. Das Besondere an unsrer Küchenmaschine das ist neu und sollte Sie zum Kauf bewegen sie arbeitet wie Waschmaschine und Spülmaschine automatisch
4. Nur auf eins hat es dieser Kerl abgesehen und seltsamerweise kommt er immer wieder damit durch sich Vorteile zu verschaffen indem er die Leichtgläubigkeit und Gutmütigkeit seiner Mitmenschen ausnutzt
5. Heute morgen gestand sie mir sie war über und über rot und konnte mir nicht in die Augen sehen ich habe dich betrogen
6. Traurig sagte mir meine Freundin sie brachte die Worte kaum über die Lippen ich muß dich verlassen wir wandern nach Amerika aus
7. Er schrie sie an aus seinen Augen sprühten Zorn und Haß laß mich doch endlich in Ruhe mit deiner ewigen Besserwisserei
8. Wenn Sie gesund sind und das nötige Training haben wenn Sie Kälte und gelegentlich auch Hunger ertragen können wenn Sie eine ausreichende Ausrüstung besitzen all diese Bedingungen müssen Sie unbedingt erfüllen dann können Sie an unsrer Expedition ins Nordpolargebiet teilnehmen
9. Mich interessiert vor allem eins aber gerade darüber wurde trotz meiner wiederholten Anfragen niemals gesprochen wie soll die Verwirklichung all dieser hochtrabenden Pläne finanziert werden
10. Der Grundsatz jeder Regierungs- und Verwaltungstätigkeit sollte lauten und jeder Bürger sollte seine Regierung und seine Verwaltung daran messen salus populi suprema lex esto (das Wohl des Volkes sei oberstes Gesetz)

7.7.4 **Gedankenstrich und Punkt** vgl 1.8, S.12 und 7.6, S. 92.

7.7.5 **Gedankenstrich und Ausrufe- oder Fragezeichen**
   Beispiele
   1. Wir wanderten — und das bei 30° im Schatten! — 28 Kilometer.

2. Geldscheine − durch wieviel Hände mögen sie im Laufe ihres Daseins gehen? − müssen reißfest und gegen Feuchtigkeit widerstandsfähig sein.

Merke:

> Verlangt der Einschub ein Ausrufe- oder Fragezeichen, dann steht es vor dem zweiten Gedankenstrich.

Übung 73: Setze die Gedankenstriche und Ausrufezeichen bzw. Fragezeichen. Vergiß das Komma nicht!

1. Unbrauchbar gewordene Geldscheine wer weiß schon daß die verbrauchten Geldscheine eines Jahres etwa 425 Tonnen wiegen werden von der Bundesbank aussortiert und verbrannt.
2. Wir fahren doch hast du das denn vergessen am Samstag nach Buxtehude.
3. Herr Friedrich er hat beide juristische Examen mit Auszeichnung bestanden hat sich für den diplomatischen Dienst beworben.
4. Peter Michel denkst du auch noch manchmal an ihn ist jetzt schon zehn Jahre in Australien.
5. Man horcht auf diese faszinierende Stimme eines wer wollte das leugnen bedeutenden Mannes.
6. Ich war bitte entschuldigen Sie mich aus familiären Gründen außerstande zu kommen.
7. Ich bin überzeugt und ich werde meine Meinung auch weiterhin trotz heftigen Widerstandes vertreten daß nur der von der Opposition gemachte Vorschlag zum Erfolg führt.
8. Dein neues Auto wieviel hast du eigentlich dafür bezahlt ist flott und paßt zu dir.
9. Eine besondere Spielart des Weihnachtsbaumes oder gar sein Vorläufer ist die Weihnachtspyramide.
10. Ich spreche nicht von den gemeinen Verbrechern was gehn mich die an ich spreche von ihren unschuldigen Opfern.

8 Die Anführungszeichen (Gänsefüßchen)

8.1 **Wörtliche Rede − wörtlich wiedergegebene Gedanken**
Beispiele
1. Der französische Dichter Balzac sagte: „Man muß die Eitelkeit denen überlassen, die sich durch nichts andres hervortun können.“

2. „Man muß die Eitelkeit denen überlassen", sagte Balzac, „die sich durch nichts andres hervortun können."

3. „Man muß die Eitelkeit denen überlassen, die sich durch nichts anderes hervortun können", sagte Balzac.

4. „Nichts als schöne Worte", dachte Hans, „im Leben zählt etwas ganz anderes."

5. Kurt sagte: „Kennen Sie den neusten Roman von D.? Er erzählt darin von einem Mann, der alle beherrschen wollte, aber niemand beherrschen konnte, außer − seiner Frau. Die Darstellung dieses Frauenschicksals ist gewiß mehr als billige Gesellschaftskritik. Sie ist . . ."

Merke:

Die Anführungszeichen kennzeichnen die wörtliche Rede; sie stehen auch bei wörtlich wiedergegebenen Gedanken.
Umfaßt eine wörtliche Rede usw. mehrere Sätze oder Abschnitte, werden trotzdem nur an ihrem Anfang und ihrem Ende die Anführungszeichen gesetzt.

Übung 74: Setze die Anführungszeichen sowie Doppelpunkt und Komma; schreibe mit großen Anfangsbuchstaben, wenn es richtig ist.

1. Mein Vater sagte immer solln gedeihen Korn und Wein muß im Juni Wärme sein.

2. Als ich heute mittag ins Schwimmbad kam erzählte Thomas bemerkte ich sogleich eine große Menschenansammlung auf der Liegewiese.

3. Du bist ja eine langweilige Person dachte der junge Regierungsrat laut aber sagte er sie waren eine charmante Gastgeberin ich danke ihnen.

4. Rudolf erzählte folgende Gespenstergeschichte ich stand neulich abends vor dem Spiegel und kämmte mich. Mit einem Male sah ich hinter mir eine graue leicht verschwommene männliche Gestalt. Blitzschnell drehte ich mich um. Da lächelte die Gestalt mir zu und verschwand.

5. Ludwig dachte der kann ja lügen wie gedruckt.

6. Das war Richard nicht das weiß ich bestimmt log ich.

7. Wir waren mit den Booten bis ans Ende des Sees gerudert erzählte Bert als es plötzlich blitzte. Gleich darauf donnerte es . . .

8. Es täte mir leid sagte mein Chef besorgt wenn Sie Unannehmlichkeiten bekämen.

9. Aber ja doch sagte er fest aber ich fühlte daß er log ich weiß es bestimmt.
10. Das kriegen wir schon hin sagte er mit einer Stimme die fest klingen sollte die aber seine Unsicherheit und seine Unruhe eher kundtat als verbarg das werden wir in einer Woche hinter uns haben.
11. Tu das nicht riet Oliver es wäre schrecklich wenn du erwischt würdest.
12. Vielen Dank Mr. X das genügt vorläufig sagte der Kommissar und verabschiedete sich.
13. So viel Seltsames und Abenteuerliches erleben nur die wenigsten Menschen sagte Frau Schneider im stillen aber dachte sie so ein Aufschneider.
14. Ja sagte er ich blieb wieder machte er eine Pause eines schönen Mädchens wegen so lange in den Staaten.
15. Geben Sie mir ein Nachtlager bat er ich bin heute 35 Kilometer gewandert ich kann keinen Schritt mehr tun.

8.2 Zitate

Beispiele

1. Die Faschingsbräuche dienen dem Zweck, ,,die bösen, der Fruchtbarkeit feindlichen Mächte zu verscheuchen und den Frühling zu neuer Lebenskraft und Wirksamkeit zu erwecken" (Sartori, Sitte und Brauch, Leipzig 1914, S. 98).
2. ,,Lärm und Getöse sind . . . mit der Faschingsfreude untrennbar verbunden" (Ebenda).
3. Die volkstümliche Wettervorhersage, derzufolge es sieben Wochen lang regnen soll, wenn es am Siebenschläfertag regnet, stimmt nur insoweit, als ,,der durchschnittliche Witterungscharakter von Ende Juni bis Anfang Juli für das weitere Juli- und Augustwetter Bedeutung hat" (Zeitschrift ,,Der Hessenbauer", Juni 1978, S. 50).

Merke:

> Aus Büchern, Zeitschriften, Aufsätzen, Briefen usw. wörtlich übernommene Stellen werden durch Anführungszeichen gekennzeichnet. Oft muß man im zitierten Text ein Wort ergänzen. Dieses wird in Klammern gesetzt. Vgl. 1.9, S.13 f.

Übung 75:
Führe den begonnenen Satz mit einem Teil des Zitats sinnvoll weiter.
Beispiel: Zur Fastnacht gehört gutes und auch reichliches Essen. Soll man doch . . .
Zitat: „An diesem Tag muß man so oft essen, wie der Hund mit dem Schwanz wedelt" (Sartori, a.a.O., S. 112).
Lösung: Zur Fastnacht gehört gutes und auch reichliches Essen. Soll man doch „so oft essen, wie der Hund mit dem Schwanz wedelt".

1. Viele Menschen essen heutzutage zu viel und zu fett, kurz, sie ernähren sich falsch. Sie müssen deshalb . . .
Zitat: „Viel wichtiger ist es, daß Sie eine neue Einstellung zum Essen und Trinken finden" (Die Küche der Schlanken und Schönen, Redaktion Essen und Trinken, Hamburg o.J. S. 126).

2. Falsches Essen macht auf die Dauer kraftlos und leistungsunfähig . . . Falsches Essen macht auf die Dauer krank . . .
Zitat: „Und außerdem ist das viele Essen eine Sünde wider die Schönheit" (Ebenda, S. 4).

3. Wie aber soll man sich richtig ernähren? Man muß darauf achten . . .
Zitat: „Grundsätzlich sollte eine schönheitsbewußte Ernährung gut ausgewogen sein, d.h., daß Eiweiß, Fett und Kohlenhydrate in einem gesunden Verhältnis zueinander stehen" (Ebenda, S. 32).

4. Im Meer gäbe es keine Lebewesen, wenn es das Plankton nicht gäbe. Mit Plankton bezeichnet man . . .
Zitat: „Das sind die allerkleinsten, nur mit dem Mikroskop feststellbaren tierischen und pflanzlichen Schwebeteilchen (griech.: das Schwebende)" (Der kleine Tierfreund, Heft 9, Sept. 1963, S. 14).

5. Man hält es heutzutage nicht für ausgeschlossen, ja für wahrscheinlich, daß es intelligente Wesen auch außerhalb der Erde im Weltraum gibt. Deshalb . . .
Zitat: „So horchen denn auch in den Vereinigten Staaten, Rußland und Kanada schon ‚elektrische Ohren' den Weltraum nach Signalen anderer Kulturen ab" („Das Beste aus Reader's Digest", Aprilheft 1979, S. 18).

6. In unsrer von Gefahren, ja Katastrophen bedrohten Welt müssen wir . . .
Zitat: „Wir müssen es wieder lernen, mit dem Risiko zu leben, und glauben, daß mit der Gefahr auch die Kraft wächst" (Karl Steinbuch, Maßlos informiert − die Enteignung unsres Denkens, zitiert nach: Dietrich Ratzke, Maßlos übertrieben, in: FAZ vom 21. November 1978, S. L 17).

7. Im „Jahr des Kindes" (1979) versuchte man, Erwachsenen die Welt aus der Sicht des Kindes vor Augen zu führen und zu verdeutlichen. So wurden die Besucher einer Ausstellung gebeten . . .

Zitat: „Noch größer war die Überraschung, als die Besucher einen Raum betraten, der wohl mehr für die Riesen aus den Märchen gedacht war. Sie hatten auf Stühle zu klettern, die nicht für sie geschaffen waren. Der Tisch, an dem sie saßen, war kaum zu überblicken, und vor ihnen standen Teller, die eher als Suppenschüsseln zu bezeichnen waren. Vom Besteck ganz zu schweigen, das an Gartengeräte erinnerte und mit dem umzugehen gewisse Schwierigkeiten machte . . ." (Neue Apotheken-Illustrierte, Mai 1979, S. 3).

8. Ein wichtiger Beitrag zum „Jahr des Kindes" (1979) war der Slogan . . ., der auch als Autoaufkleber vertrieben wurde.

Zitat: „Einer der AEJ-Jugendverbände hat für dieses Jahr den Slogan ausgegeben: ‚Hast du heute schon dein Kind gelobt?' "

8.3 Titel − Namen − Hervorhebungen

Beispiele

1. Thomas Manns „Felix Krull" habe ich mit Gewinn und Vergnügen gelesen.
2. Die Ausstellung „Islamische Kunst auf europäischem Boden" wurde von Frau K. eröffnet.
3. Wenn unsere Schüler doch endlich „das" und „daß" unterscheiden lernten!
4. Goethes Stella liest man heute nicht mehr in der Schule.

Merke:

> Die Anführungszeichen kennzeichnen Titel von Büchern, Filmen und dergleichen.
> Sie können wegfallen, wenn der Titel nur aus einem Wort besteht (Bsp. 4).
> Mit Anführungszeichen werden auch einzelne Wörter, Buchstaben usw. hervorgehoben.

Übung 76: Setze die Anführungszeichen.

1. Schillers Maria Stuart eröffnete die Spielzeit.
2. Hauptmanns Komödie Der Biberpelz wurde neu inszeniert.
3. In einer Verfilmung von Zuckmayers Hauptmann von Köpenick spielt Heinz Rühmann die Hauptrolle.

4. Die Blechtrommel von Günter Grass wurde 1979 erfolgreich ver-
   filmt.
5. Westermanns Monatshefte sind schon seit Jahrzehnten eine unsrer besten Kulturzeitschriften.
6. Der Kosmos informiert in allgemeinverständlicher Sprache über
   naturkundliche Themen.
7. Haben Sie auch das Spektrum der Wissenschaft abonniert?
8. Beim Wettbewerb Unser Dorf soll schöner werden errang unsre
   Gemeinde den ersten Preis.
9. Unser bekannter und beliebter Gesangverein Bruderkranz-Lie-
   derkette errang unter seinem bewährten Dirigenten H. den ersten
   Preis.

8.4 Ironische Verwendung von Wörtern, Ausdrücken usw.

Beispiele
1. Der Herrscher wurde von einem seiner „treuesten" Anhän-
   ger gestürzt.
2. Er benahm sich als „Freund"; er gab mir tausend gute Rat-
   schläge, aber er lieh mir nicht einen Pfennig.
3. Der ist gewiß „ ein vorbildlicher Vorgesetzter": jedem leiht
   er sein Ohr und über jeden Abwesenden wird abfällig gere-
   det.

Merke:

> Die Anführungszeichen kennzeichnen auch ironisch und spöt-
> tisch gemeinte Aussagen.

Übung 77: Setze die Anführungszeichen.
1. Ist Hans nicht ein tüchtiger Marschierer? Wandert er doch in einer Stunde zwei Kilometer!
2. Unser Bello ist gewiß ein guter Hund; jeden Fremden läßt er ins
   Haus, ohne ihn durch sein Bellen zu stören.
3. Dieser fleißige Schüler hat innerhalb von einem Monat zweimal
   seine Hausaufgaben gemacht.
4. Das war ein vorzügliches Essen; spätestens nach dem dritten Bis-
   sen hatte man genug.
5. Ich danke dir für den lieben Brief, den du mir geschrieben hast;
   gleich auf der ersten Seite finden sich fünf Vorwürfe.
6. Wirklich, er beherrscht Englisch perfekt; jedes dritte Wort schlägt
   er nach.

7. Das also nennt man heutzutage Naturlandschaft, wenn eine Autobahn das Gelände durchschneidet, wenn eine Flugschneise über einen hinwegzieht und wenn Masten in der Gegend herumstehen.
8. Ein Tierfreund sondergleichen; jeden Tag schlägt er seinen Hund windelweich.
9. Ein Mann, der etwas von Erziehung versteht: seine Kinder müssen ihm bald Bier, bald Zigaretten bringen; beim geringsten Vergehen werden sie angeschrien, und im Beisein von Fremden werden sie unaufhörlich getadelt.

8.5 Halbe Anführungszeichen
Beispiele
1. Mein Onkel schrieb mir: „Die Aufführung von Brechts ‚Mutter Courage' war ein voller Erfolg."
2. Empört berichtete Franziska: „Wendet sich dieser Herr doch plötzlich mir zu und fragt: ‚Kennen wir uns nicht vom letzten Sommernachtsfest?' "

Merke:

Halbe Anführungszeichen werden gesetzt, wenn in einen mit Anführungszeichen versehenen Text eine andre wörtliche Wiedergabe eingeschoben wird.

Übung 78: Setze Anführungszeichen, halbe Anführungszeichen und Doppelpunkt: Schreibe mit großen Anfangsbuchstaben, wenn es erforderlich ist.
1. Gisela berichtete in unsrer Theater-AG spielen wir Tschechows Bankjubiläum.
2. Zitternd erzählte Fritz als ich das Schwimmbad betrat, kam Gerd aufgeregt auf mich zu und fragte hast du schon von dem Unglück gehört?
3. Onkel Hans sagte schmunzelnd in diesem Jahr habe ich in meinem Urlaub eine Reise ins Reich des Geistes gemacht. Nach mehr als dreißig Jahren las ich mal wieder Goethes Wilhelm Meister und Kellers Grünen Heinrich.
4. Etwas schüchtern fragte sie darf ich Sie zu Kleists Käthchen von Heilbronn einladen?
5. Blasiert fragte er mich kennen Sie Cosi fan tutte?
6. Snobistisch prahlte er wer weiß schon daß der Text von My fair Lady auf Bernard Shaws Pygmalion zurückgeht?

7. Karin erzählte mir mein Schwager ist doch ein widerlicher Kerl. Als er meine Schwester heiratete sagte er zu ihr du brauchst nicht zu denken, du brauchst nur zu machen, was ich sage; und genau so behandelte er sie. Als sie nach Jahren − Ergebnis seines Verhaltens! − ein hilfloses Geschöpf war, sagte er du mußt selbständiger werden.

8.6 Die Anführungszeichen in Verbindung mit anderen Satzzeichen

8.6.1 Anführungszeichen und Komma vgl. 2.9.6 ff., S. 42.

8.6.2 Anführungszeichen und Doppelpunkt vgl. 4.1, S. 76.

8.6.3 Anführungszeichen und Ausrufe- oder Fragezeichen
Beispiele
1. „Wieviel Zigaretten rauchen Sie täglich?" fragte der Arzt den Patienten.
2. „Hau ab!" herrschte er mich an.
3. Liest du regelmäßig den „Rheinischen Merkur"?
4. Wer spielt mit mir „Fang den Hut!"?

Merke:

> Verlangt die Anführung ein Ausrufe- oder Fragezeichen, steht das Zeichen v o r dem schließenden Anführungszeichen.
> Gehört zum ganzen Satz ein Ausrufe- oder Fragezeichen, dann steht das Zeichen h i n t e r dem schließenden Anführungszeichen (Bsp. 3).
> Verlangen Anführung und ganzer Satz ein Zeichen, müssen alle gesetzt werden (Bsp. 4). Vgl. auch 2.9.6.2.

Übung 79: Setze die Satzzeichen.
1. Warum hast du mir das nicht erzählt fragte sie ihn
2. Er fragte in gebrochenem Deutsch wer nimmt mich bis Düsseldorf mit
3. Geh nicht weg flehte sie
4. Warum warst du letzte Woche nicht in der Schule fragte der Klassenlehrer
5. Mit weinerlicher Stimme bat er bitte geben Sie mir eine Chance
6. Verlassen Sie sofort meine Wohnung schrie er
7. Dämpfe deine Stimme murmelte er es könnten dich Leute hören, die dich nicht zu hören brauchen

8. Jeden Tag ruft die alte Dame an und fragt wann besuchen Sie mich einmal
9. Das darfst du mir nicht antun flehte er
10. Steht nicht in Goethes Faust Ist das des Pudels Kern
11. Sag doch schlicht und einfach Herzlichen Glückwunsch, mein Lieber
12. Warum sagst du nicht einfach Herzlichen Glückwunsch, mein Lieber
13. Wer von euch kennt Eins, zwei, drei, wer hat den Ball
14. Los, jetzt spielen wir Fang den Hut
15. Warum spielen wir nicht Mensch, hau ab

8.6.4 Anführungszeichen und Punkt

Vgl. 8.1, Beispiele und 8.2, Beispiele, S. 97 ff.

Dazu folgendes Beispiel:

Zur Zeit lese ich das Buch von Kasimir Edschmid „Wenn es Rosen sind, werden sie blühen".

Merke:

> Der Punkt steht h i n t e r den schließenden Anführungszeichen, wenn die Anführung keinen Punkt verlangt.
> Verlangt die Anführung einen Punkt, steht er v o r den schließenden Anführungszeichen.

9 Die Klammern

9.1 Runde Klammern

Beispiele

1. Wer die Freiheit der Meinungsäußerung, insbesondere die Pressefreiheit (Artikel 5 Absatz 1), die Lehrfreiheit (Artikel 5 Absatz 3), die Versammlungsfreiheit (Artikel 8), die Vereinigungsfreiheit (Artikel 9), das Brief-, Post- und Fernmeldegeheimnis (Artikel 10), das Eigentum (Artikel 14) oder das Asylrecht (Artikel 16 Absatz 2) zum Kampfe gegen die freiheitliche demokratische Grundordnung mißbraucht, verwirkt diese Grundrechte . . . (GG Artikel 18).

2. Konrad Adenauer (er war Präsident des Parlamentarischen Rates, der unser Grundgesetz erarbeitete) war der erste Bundeskanzler.

Merke:

> Erklärende Zusätze werden in Klammern gesetzt.
> Klammern sind schwächer als Gedankenstriche.

Übung 80: Setze die Erklärungen in Klammern.
1. Jakob Grimm 1785−1863 gab mit seinem Bruder Wilhelm 1786−1859 die „Kinder- und Hausmärchen" heraus.
2. Martin Luther 1483−1546 hat mit seiner Bibelübersetzung Neues Testament: 1522, Altes Testament: 1534 und seinen Kirchenliedern 31 davon stehen heute noch im evangelischen Kirchengesangbuch unsre heutige Sprache das Neuhochdeutsche schaffen und verbreiten helfen.
3. Zur indogermanischen Völkerfamilie gehören nahezu alle Europäer: die Romanen Franzosen Spanier Italiener Portugiesen Rumänen und Rätoromanen die Kelten Iren Bretonen und andere die Germanen Deutsche Skandinavier Niederländer und Engländer die Slawen Russen Polen Tschechen und andere. (Vergiß nicht die Kommas!)
4. In Wegfall kommen Papierdt.; besser: wegfallen.
5. Der Jazz er ist zum Hören nicht zum Tanzen bestimmt entwickelte sich nach 1900 in New Orleans hauptsächlich aus Volksliedern und geistlicher Musik der Neger.
6. Bei der staatlichen Klassenlotterie werden die Lose es gibt ganze, halbe, Viertel- und Achtellose in mehreren Ziehungen gezogen.
7. Alle Lotteriegewinne sind bei Privatpersonen steuerfrei Betriebe unterliegen der Steuerpflicht (nach: „Kultur und Geschichte", Sonderausgabe, Verlag Heinrich Kapp, Bensheim, o. J., S. 366).
8. Rennwetten werden durch Buchmacher zwischen den Wettenden für Pferderennen vermittelt. Die Wettmöglichkeiten sind: Siegwette das gesetzte Pferd muß gewinnen, Platzwette das gesetzte Pferd muß den ersten oder zweiten Platz erreichen, Einlaufwette der Wettende muß die ersten beiden Pferde richtig voraussagen und Serienwette gilt für sieben Rennen eines Renntags (ebenda, S. 366).

Übung 81: Füge die Satzteile bzw. die Sätze, die am Ende jedes Satzes stehen, als Klammerausdruck in den Satz ein.
1. Die Melodie unsrer Nationalhymne stammt aus dem Kaiserquartett von Joseph Haydn. − Den Text schrieb Hoffmann von Fallersleben.

2. Die Farben Schwarz, Rot und Gold unsrer Bundesflagge gehen auf die Farben der Urburschenschaft von 1815 zurück. − Sie symbolisieren im Laufe der Geschichte immer wieder Demokratie, „Einigkeit und Recht und Freiheit".

3. Der Achensee gehört zu den schönsten Seen Nordtirols. − 7,3 km².

4. Die Zehnerzahlen von 20 bis 90 werden durch Anhängen der Nachsilbe -zig gebildet. − got. tigus = Dekade, Zehnerzahl.

5. Kotzebues Lustspiel „Die deutschen Kleinstädter" machte Krähwinkel bekannt. − deutscher Dorfname.

6. Seine schlechten Sprachkenntnisse hindern ihn, den Vorlesungen zu folgen. − Er ist Chinese und erst zwei Jahre in Deutschland.

7. Wegen seines schlechten Gesundheitszustandes kann er nicht mehr Auto fahren. − Er ist rheumakrank.

8. Bei unsrer dreitägigen Studienreise zahlt das Jugendwerk die Kosten der Busreise, die Hotelkosten und die Eintrittsgelder. − Unter „Hotelkosten" sind nur die Kosten für Übernachtung und Frühstück zu verstehen.

9. Apfelwein ist mit Wasser gemischt für viele ein erfrischendes, schmackhaftes Getränk. − Er hat 5−6 % Alkohol.

10. Am 16. Juni fährt unsere Arbeitsgruppe nach Saarbrücken. − Montag in 14 Tagen.

11. Mein Wagen ist jetzt 120 000 Kilometer einwandfrei gefahren. − VW-Passat.

12. Die Wahrheit des englischen Sprichworts „Good Hock keeps off the doc" sollte man nicht unbedingt erproben. − guter Hochheimer hält den Arzt fern.

13. Homberg ist ein Weinlagenname im Rheingau. − früher Hohenberg.

9.2 Eckige Klammern
Beispiele

1. Grundsätzlich kann ein Haushalt nur so viel Geld ausgeben, wie ihm an Einkommen (aus Lohn, aus Kapitalerträgen [Zinsen, Dividenden], aus Mieteinnahmen [bei Haus- und Grundeigentümern]) zufließt.

2. Noch lange nach dem ersten Weltkrieg waren viele Deutsche überzeugt, daß der Sieg durch Verrat im Hinterland (den sogenannten Dolchstoß in den Rücken des kämpfen-

den Heeres [die „Dolchstoßlegende" gehörte zum propa-
gandistischen Requisit aller Antirepublikaner]) verspielt
worden sei.

Merke:

> Die eckigen Klammern stehen, wenn ein bereits in runden,
> Klammern stehender Text eine Erläuterung erhält.

Übung 82: Setze die runden und die eckigen Klammern.

1. Unsre Nationalhymne Text Hoffmann von Fallersleben
   1798—1874, Melodie Joseph Haydn 1732—1809 beginnt mit den
   Worten: „Einigkeit und Recht und Freiheit . . ."
2. Zehn Monate 4. Mai 1521 bis 1. ? März 1522 weilte Luther auf
   der Wartburg (Nach: Heussi, Kompendium der Kirchengeschich-
   te, Tübingen 1956, S. 286).
3. Der Dichter Berthold Brecht Dreigroschenoper 1928, Mutter
   Courage und ihre Kinder 1941, Leben des Galilei 1943, Der gute
   Mensch von Sezuan 1942, Der kaukasische Kreidekreis 1949,
   zeigt in seinem Werk den Menschen in seiner Größe und seinem
   Elend.
4. Der Expressionismus frz. expression Ausdruck war eine Kunstrichtung von etwa 1900 bis 1930.
5. Jeder kennt den Frauenhelden Don Juan = Johann gesprochen
   Juan oder span. Chuan (Türk, Die Sprachecke, Darmstadt 1958,
   S. 162).
6. Der Feuerteufel von Westerland er soll mindestens dreizehn
   Brände gelegt haben unser Blatt berichtete darüber hat in seiner
   Zelle Selbstmord begangen.
7. Mit Radar Abkürzung für radio detecting and ranging etwa:
   Funkermittlung und Entfernungsmessung werden Flugzeuge,
   Schiffe, Küsten u.a. selbst bei Nacht und Nebel geortet.

9.3 Die Klammern in Verbindung mit anderen Satzzeichen
9.3.1 Klammern und Punkt
Beispiele[1]

1. Die Maya-Stadt zeigte die Gegensätze ihrer Bewohner un-
   verhüllt. Auf einem Hügel meist erhoben sich die Tempel

---

[1] Die folgenden Beispiele und die Übungssätze 1—6 sind z.T. leicht verän-
derte Zitate aus: C.W. Ceram, Götter, Gräber und Gelehrte, Roman der
Archäologie, Rowohlt Verlag, Hamburg—Stuttgart 1949, S. 394—431.

und Paläste der Priesterschaft und des Adels. Sie bildeten ein geschlossenes Areal von nahezu festungsartigem Charakter (und sie haben diesen Charakter vielleicht oft beweisen müssen).

2. Ein Drittel seiner Ernte gab der Maya-Bauer an den Adel, ein zweites erhielt die Priesterschaft, und nur das letzte Drittel durfte er behalten. (Man erinnere sich, daß die Abgabe des Zehnten in der feudalen Gesellschaftsordnung Europas als nicht zu ertragende Fron zu Revolutionen geführt hat.)

Merke:

Steht ein eingeklammerter Text am Ende eines Satzes und gehört er zu diesem, dann steht der Schlußpunkt h i n t e r der schließenden Klammer (Bsp. 1).
Ist ein S a t z eingeklammert, der n i c h t an den vorangehenden Satz angeschlossen ist, steht der Schlußpunkt v o r der schließenden Klammer (Bsp. 2).

Übung 83: Bilde aus den eingeklammerten Texten Hauptsätze; setze diese in Klammern, und setze den Punkt. (Vgl. Bsp. 2.) Steht der eingeklammerte Satz(teil) am Ende, setze nur den Punkt. (Vgl. Bsp.1.)
Bsp.: Die Mayas (kulturelle Blütezeit 11.–13. Jahrhundert) waren ein hochkultiviertes Indianervolk in Mittelamerika.
Lösung: Die Mayas waren ein hochkultiviertes Indianervolk in Mittelamerika. (Die Blütezeit ihrer Kultur fällt ins 11.–13. Jahrhundert.)

1. Die alten mittelamerikanischen Völker waren untereinander verwandt (wozu heute fast unübersehbares Einzelmaterial zusammengetragen wurde)

2. Die größten Pyramiden, die man auf dem Boden alter indianischer Kultur fand (Stufenpyramiden mit den charakteristischen Treppen) sind bis zu sechzig Meter hoch.

3. Die herrschenden Klassen der Mayas (Adel und Priesterschaft) saßen in der Stadt.

4. Mit ihrer Art von Zeitrechnung (die so entwickelt und kompliziert ist, daß ihre genaue Darlegung ein eigenes Buch füllen würde) erreichten die Mayas eine Genauigkeit, die jeden anderen Kalender der Welt übertrifft.

5. Jedes abgeerntete Feld der Mayas brauchte lange Zeit Ruhe, bis es wieder Frucht tragen konnte, denn es fehlte jede Düngung

(außer der spärlichen natürlichen Düngung in der Nähe der Siedlungen)

6. Veranlaßte eine Klimaänderung die Mayas, ihre Stadt zu verlassen und 400 Kilometer weiter eine neue zu errichten? Eine Klimaänderung (für die jedes Anzeichen fehlt), die so umwälzend auf die Struktur eines Reiches gewirkt hätte, dürfte 400 Kilometer weiter kaum wirkungslos gewesen sein.

7. Die erste europäische Straßenkarte der Neuzeit (Brügge [Westen], Thorn [Osten], Kopenhagen [Norden], Rom [Süden]) wurde von Erhard Etzlaub 1500 angefertigt.

8. Die Via Appia (von Unteritalien nach Rom) zählte zu den Prachtstraßen des Römischen Reiches.

9. Atlas (nach griechischer Sage ein Riese, der das Himmelsgewölbe trägt) stand in Nordafrika und gab dem dortigen Gebirge seinen Namen.

10. Die Sahara (Ton auf der ersten Silbe; Ton auf der zweiten Silbe = Koffer, Kasten) ist die größte und eine der großartigsten Wüsten der Welt.

11. Istanbul (in griechischer Zeit Byzanz, in römischer Zeit Konstantinopel) ist die größte Stadt der Türkei.

12. Der Ararat (legendärer Landeplatz der Arche Noah) erhebt sich bis zu einer Höhe von 5156 Metern im Osten der Türkei, nahe dem Länderdreieck Türkei, Sowjetunion, Iran.

9.3.2 Klammern und Komma

Beispiele

1. Professor W. glaubt nicht (wie sein Kollege von der Universität), daß wir einer neuen Eiszeit entgegengehen.

2. Er beherrscht drei Fremdsprachen (niemand kann sich vorstellen, wieviel Entbehrungen es ihn gekostet hat, sie zu lernen) und bekommt deshalb die ausgeschriebene Stelle.

Merke:

> Das Komma steht nach der zweiten Klammer, wenn es auch ohne den Einschub stehen müßte (Bsp. 1).
> Beginnt oder schließt ein Einschub in Klammern mit einem Gliedsatz, einer Apposition o. ä., ersetzt die Klammer das Komma (Bsp. 2).
> Vgl. 7.7.1 und 7.7.2., S. 93 f.

Übung 84: Setze Klammern und Komma.

1. Wenn auch einzelne Artikel unsrer Verfassung geändert werden können freilich nur mit qualifizierter Mehrheit so dürfen ihr freiheitlicher Geist und ihre freiheitliche Grundstruktur doch nicht ausgehöhlt werden.

2. Da die parlamentarische Mehrheit die Regierung unterstützt unterstützen muß kommen die Persönlichkeiten der Regierung doch aus ihren Reihen ist das Prinzip der Gewaltenteilung modifiziert.

3. Der Militärische Abschirmdienst MAD der von Zeit zu Zeit ins Kreuzfeuer der Kritik gerät schützt die Bundeswehr vor Spionage und Sabotage.

4. Das Bundeskriminalamt kurz BKA genannt das dem Innenminister untersteht hilft den Bundesländern bei der Verbrechensbekämpfung.

5. Der Bundesgrenzschutz oberster Dienstherr ist der Bundesinnenminister der keinen militärischen sondern einen polizeilichen Status besitzt soll die Grenzen der Bundesrepublik Deutschland sichern.

6. Nachdem Napoleon besiegt war viele Kräfte hatten zu seinem Sturz zusammengewirkt versuchte Fürst Metternich die alte Fürstenherrschaft wiederherzustellen.

7. Stefan Zweig 1881−1941 zu dessen literarischem Schaffen Übersetzungen Gedichte Erzählungen und historische Miniaturen gehören zählt zu den brillantesten Stilisten der neueren deutschen Literatur.

8. Kannst du nicht am Wochenende kommen ich weiß ja daß du das nicht gerne tust und meinen Fernseher reparieren?

9. Durch den starken Regen kam Wasser in den Keller daß diese Gefahr droht habe ich Ihnen mehrmals gesagt und hat großen Schaden angerichtet.

10. Obgleich er keinen Pfennig Geld mehr hatte er war auf einer Bahnhofstoilette überfallen und ausgeraubt worden setzte er seine Reise fort.

9.3.3 Klammern und Doppelpunkt

Beispiel

Wenn Sie geistig und körperlich fit bleiben wollen, müssen Sie folgendes tun (das aber täglich mindestens zwölf Monate lang): eine Stunde radfahren, 5 Wörter einer Fremdsprache lernen, . . .

Merke:

> Steht ein eingeklammerter Text am Ende eines Satzes, der einen
> Doppelpunkt verlangt, steht der Doppelpunkt nach der schlie-
> ßenden Klammer.

9.3.4 Klammern und Fragezeichen
Klammern und Ausrufezeichen
Beispiele
1. Kreativ (welches andere Wort könnte treffender sagen, was
   wir meinen?) sollen unsre Schüler werden.
2. Der Bundespräsident muß außerhalb der (notwendigen!)
   parteipolitischen Auseinandersetzungen stehen.

Merke:

> Verlangt der eingeklammerte Satz oder Satzteil ein Fragezei-
> chen oder ein Ausrufezeichen, dann steht dieses Zeichen v o r
> der schließenden Klammer.

Übung 85: Setze Klammer, Ausrufezeichen, Fragezeichen bzw.
Doppelpunkt. Achte dabei auf die richtige Kommasetzung nach
9.3.2.
1. Gestern erzählte mir mein Freund er war niedergeschlagen wie
   ich ihn noch nie erlebt hatte „Wir werden unser Haus verkaufen
   müssen."
2. Sie nannten mich wieder einmal zum wievielten Male schon
   kleinlich und knickerig.
3. Er wollte Offizier werden hielt er sich nicht schon als Schüler für
   etwas Besseres ohne als Soldat gedient zu haben.
4. Der Franzose Champollion er lernte als Dreizehnjähriger Arabisch, Syrisch, Chaldäisch und Koptisch und konnte endlich
   mehr als ein Dutzend alter Sprachen entzifferte die altägyptischen Hieroglyphen.
5. Eine Landschaft im Westerwald, in der geschickte Handwerker
   Tonerde, die man dort findet, zu Steinzeugwaren verarbeiten
   München bezieht von dort seine Maßkrüge trägt die volkstümliche Bezeichnung „Kannenbäckerland". (Nach: Türk, Die
   Sprachecke, Darmstadt 1958, S. 134.)

6. Auf dem Flohmarkt kaufte ich ich habe kaum noch gehofft, diese Dinge, die ich schon so lange suche, jemals zu bekommen ein Bügeleisen, das mit Holzkohle erhitzt wird, eine Biedermeier-Stuhllehne, . . .

7. Unser Nachbar sagte er sagte es mit Pathos „Ich bin befördert worden."

8. Da Sie leider nicht zur Aussprache kamen Sie hatten dem von uns vorgeschlagenen Termin telefonisch ausdrücklich zugestimmt muß Ihr Antrag als nicht gestellt zurückgewiesen werden.

9. Während einer Aufführung des hiesigen Amateurtheaters mußte ich wieder an unsren alten Rektor denken wie hieß er doch gleich der Theaterspielen heilsam für die Seele nannte.

10. Ich habe bei meiner Bank einen Kredit aufgenommen wie hätte ich mir anders helfen sollen und hoffe nun meiner Schwierigkeiten Herr zu werden.

11. Ich habe mir Geld geliehen es gab keinen anderen Ausweg für mich und hoffe nun gesund zu bleiben und arbeiten zu können.

12. Wir haben folgenden Arbeits- und Trainingsplan aufgestellt nach so langer Beratung müßte er eigentlich ausgereift sein Montag 25 km Wanderung; Dienstag Referate; Mittwoch . . .

13. Nun müssen wir sind wir da nicht wieder übers Ohr gehauen worden für jede Lappalie Steuern zahlen.

14. Seite 5 blättern Sie bitte zweimal um ein Bild vom diesjährigen Bundespresseball.

15. Für Herrn L. ging es nicht um Wahrheit oder soziales bzw. schöpferisches Tun für ihn war nur eins wichtig diese Frage bestimmte all sein Reden sein Tun und sein Lassen Wie wirke ich auf meine Mitmenschen?

16. Meine Prüfung wäre sie nur schon vorbei beginnt am Dienstag.

17. Sein politisches Engagement sowie sein politisches Talent beides verbunden mit seinem Ehrgeiz haben wir das alles nicht schon als Schüler an ihm beobachtet ließen ihn jetzt zum Sekretär seiner Partei werden.

18. Vor zwei Jahren habe ich versagt habe ich das jemals geleugnet aber ist das ein Grund mir heute noch jegliches Vertrauen zu entziehen?

Übung 86
Entschuldigungsschreiben

1.   Semmeldorf den 12. September 19. . .

2. Sehr geehrte Frau Tausendschön

    am vergangenen Donnerstag Freitag und Samstag war meine Tochter Gisela leider verhindert den Unterricht zu besuchen.

3. Kurzfristig mußten wir zu meiner Schwiegermutter Giselas Groß-mutter fahren die an einer schweren Lungenentzündung lebensge-fährlich erkrankt ist.

4. Deshalb war es uns nicht möglich Sie rechtzeitig zu verständigen. Wir bitten Sie nachträglich Giselas Fehlen zu entschuldigen.

5.   Mit freundlichen Grüßen

Übung 87
Reklamation

Karl Krästi   Schnellstadt den 13. Mai 1980
Buchenallee
0000 Schnellstadt

An
Fa. Velociped
Am Weiher 21−27

0000 Trethausen

Reklamation
Meine Bestellung vom 2. März d J
Ihre Sendung vom 10. Mai 1980

1. Sehr geehrte Damen und Herren

   das Fahrrad das ich am 2. März dieses Jahres bei Ihnen bestellte
   ist heute eingetroffen.
2. Leider muß ich Ihnen mitteilen daß der Lack am Schutzblech des
   Vorderrades abgeschabt ist und auch das Chrom der Lenkstange
   Kratzer hat.
3. Ich habe sofort die Güterabfertigung benachrichtigt die aber einen Schadenersatz mit der Begründung ablehnt daß die Verpak-
   kung mangelhaft gewesen sei.
4. Den Frachtbrief lege ich Ihnen bei und bitte Sie von dort aus weitere Schritte zu unternehmen bzw. mir Schadenersatz zu gewähren.
5. Ich wäre Ihnen dankbar wenn Sie die Sache bald erledigen würden und ich hoffe daß Ihnen und mir weiterer Ärger erspart
   bleibt.

6. Mit freundlichen Grüßen

Übung 88
Anfrage

NN   Keulenhagen den 12. April 1980
Bahnhofstr. 5
0000 Keulenhagen

An
Buchhandlung Strip
Krummer Weg 17

0000 Radhausen

Anfrage
Meine Bestellung vom 14. Februar d J

1. Sehr geehrte Damen
   sehr geehrte Herren

   am 14. Februar dieses Jahres habe ich Sie schriftlich gebeten mir die Bücher
   Ludwig Schaffer Wie schreibe ich gute Aufsätze? Heft 1−3 Auflage 1980 XM Verlag zu schicken.
2. Leider habe ich bis heute weder die Bücher noch eine Mitteilung erhalten der ich hätte entnehmen können wann Sie mir die Bücher schicken.
3. Ich frage deshalb hiermit bei Ihnen an ob und wann ich die Bücher erhalte.
4. Da es nicht auszuschließen ist daß meine Bestellung verlorenging füge ich eine Ablichtung meines damaligen Schreibens bei.
5. Ich bin Ihnen dankbar wenn Sie mir die Bücher bald schicken denn ich brauche sie dringend.
6. Sollten jedoch die Bücher zur Zeit nicht lieferbar sein bitte ich Sie mir das umgehend mitzuteilen.

7. Mit freundlichen Grüßen

Übung 89
Graf Helmuth von Moltke schreibt seinem jungen Verwandten
Creisau den 22. Oktober 1890

1. Mein lieber Helmuth
   Ich habe Dir das Geld geschickt damit Du beizeiten lernst mit Geld umzugehen.

2. Wenn Du den ganzen Betrag in Deinem Sparkassenbuch anlegtest so wärest du ein Geizhals wenn Du ihn in kurzer Zeit verläppertest so wärest Du ein Verschwender das Richtige liegt in der Mitte.

3. Wenn einem Geld geschenkt wird . . . so ist es gerechtfertigt sich dafür Annehmlichkeiten zu gewähren aber klug auch etwas für die Zukunft zu sparen.

4. Wie Du mit diesen 20 Mark verfährst so wirst Du einst mit größeren Summen wirtschaften.

5. Wer seine Einnahmen voll ausgibt wird es zu nichts bringen wer mehr ausgibt wird ein Bettler oder ein Schwindler.

6. Mit herzlichen Grüßen von uns allen Dein Opapa

7. Reich wird man nicht von dem Geld das man verdient sondern von dem das man nicht ausgibt (Henry Ford I.).

Übung 90
Dankbarkeit

1. In der Seeschlacht von Trafalgar während die Kugeln sausten und die Mastbäume krachten fand ein Matrose noch Zeit sich zu kratzen wo es ihn biß nämlich auf dem Kopf

2. Auf einmal streifte er mit zusammengelegtem Daumen und Zeigefinger bedächtig an einem Haar herab und ließ ein armes Tierlein das er zum Gefangenen gemacht hatte auf den Boden fallen

3. Aber indem er sich niederbückte um ihm den Garaus zu machen flog eine feindliche Kanonenkugel ihm über den Rücken weg in das benachbarte Schiff

4. Den Matrosen ergriff ein dankbares Gefühl und da er überzeugt war daß er von dieser Kugel wäre zerschmettert worden wenn er sich nicht nach dem Tierlein gebückt hätte hob er es schonend vom Boden auf und setzte es wieder auf den Kopf

5. Weil du mir das Leben gerettet hast sagte er aber laß dich nicht ein zweites Mal erwischen denn ich kenne dich nimmer
   (Johann Peter Hebel.)

Übung 91

Seltsamer Spazierritt

1. Ein Mann reitet auf seinem Esel nach Haus und läßt seinen Buben zu Fuß nebenher laufen

2. Kommt ein Wanderer und sagt Das ist nicht recht Vater daß Ihr reitet und laßt Euren Sohn laufen Ihr habt stärkere Glieder

3. Da stieg der Vater vom Esel herab und ließ den Sohn reiten

4. Kommt wieder ein Wandersmann und sagt Das ist nicht recht Bursch daß du reitest und läßt deinen Vater zu Fuß gehen

5. Du hast jüngere Beine

6. Da saßen beide auf und ritten eine Strecke

7. Kommt ein dritter Wandersmann und sagt Was ist das für ein Unverstand zwei Kerle auf einem schwachen Tier

8. Sollte man nicht einen Stock nehmen und Euch beide hinabjagen

9. Da stiegen beide ab und gingen zu Fuß links der Vater rechts der Sohn und in der Mitte der Esel

10. Kommt ein vierter Wandersmann und sagt Ihr seid drei kuriose Gesellen

11. Ist's nicht genug wenn zwei zu Fuß gehen

12. Geht's nicht leichter wenn einer von Euch reitet

13. Da band der Vater dem Esel die vorderen Beine und der Sohn band ihm die Hinterbeine zusammen zogen einen starken Pfahl durch der an der Straße stand und trugen den Esel auf der Achsel heim

14. So weit kann's kommen wenn man es allen Leuten recht machen will

    (Johann Peter Hebel.)

Übung 92

1. Einst kamen zu König Salomon dem berühmten und weisen König der Israeliten zwei Frauen.

2. Die eine begann Herr und König ich gebar neulich einen Sohn.

3. Drei Tage später gebar auch diese Frau einen Sohn.

4. Als sie sich nachts im Schlafe herumwälzte erdrückte sie ihr Kind.

5. Da stand sie leise auf nahm mir meinen Sohn von der Seite und legte mir ihr totes Kind in den Arm.

6. Am Morgen als ich aufstand um meinem Sohn die Brust zu geben hielt ich das tote Kind im Arm.

7. Doch als ich es beim Licht der Sonne betrachtete da sah ich es war gar nicht mein Sohn sondern ihr Sohn.

8. Darauf erwiderte die andere Frau Wie sie lügt mein König mein Sohn der lebt der ihre ist tot.
9. Die erste aber sprach Du bist es die lügt.
10. Der König ließ ein Schwert bringen und sprach Teilt das lebendige Kind in zwei Teile und gebt jeder eine Hälfte des Kindes.
11. Da sprach die Frau deren Sohn lebte zum König Ach nein mein Herr tötet mein Kind nicht gebt es ihr lebendig.
12. Und sie reichte das Kind der anderen Frau.
13. Der König aber fällte dieses Urteil Gebt das Kind dieser lebendig, sie ist seine Mutter.
   (Nach der Bibel, 1. Könige 3, 16 ff.)

Übung 93
Der Igel und der Hamster
1. Als der Igel spürte daß der Winter sich nahte bat er den Hamster ihm ein Plätzchen in seiner Höhle zu überlassen damit er sich dort gegen die Kälte schützen könne
2. Der Hamster war es zufrieden und der Igel zog ein
3. Kaum aber befand sich dieser in seiner neuen Wohnung so machte er es sich bequem und breitete sich aus so daß sich sein Wirt alle Augenblicke an den spitzen Stacheln des neuen Gastes ritzte
4. Jetzt erst erkannte der arme Hamster daß er einen großen Fehler begangen hatte und bat den Igel wieder hinauszugehen da seine Wohnung für sie beide zu klein sei
5. Aber der Igel lachte und sprach Wem es hier nicht gefällt der kann ja anderswohin ziehen ich für meine Person bin wohl zufrieden und bleibe
   (Aus einem alten Lesebuch.)

Übung 94
Der Fuchs und der Rabe
1. Ein Rabe der einen Käse gefunden hatte flog damit auf einen Baum um ihn hier zu verzehren
2. Dies bemerkte ein Fuchs und weil er Lust auf den Käse hatte versuchte er den Raben zu übertölpeln
3. Er schlich hinzu und sprach O Rabe du bist doch ein schöner Vogel
4. Dein Gefieder glänzt wie die Federn des Adlers sonst aber hat kein Vogel so schöne Federn wie du hast
5. Ist deine Stimme auch so schön dann bist du der vollkommenste Vogel der Welt

6. Den Raben kitzelte dieses Lob er wollte sich noch mehr heraus-
   streichen und fing an zu krächzen
7. Als er den Schnabel auftat entfiel ihm der Käse
8. Der Fuchs sprang hinzu schnappte ihn auf verschlang ihn und
   lachte den törichten Raben aus
9. Da merkte der Rabe daß alle die süßen Worte des Fuchses nur aus
   List und Untreue gesprochen waren und er bereute was er getan
   (Nach Luther.)

Übung 95
Die Wette

1. Fünf Tage waren erst seit Koljas Ankunft vergangen und die
   Knaben hatten schon viel miteinander gespielt und manchen
   dummen Streich gemacht
2. Da schlug Kolja vor er werde sich in der Nacht wenn der Elfuhrzug komme zwischen die Schienen legen während der Zug mit
   vollem Dampfe über ihn herfahre
3. Es hatte sich allerdings an toten Gegenständen schon erwiesen
   daß man sich so zwischen die Schienen legen könne daß der fahrende Zug den Liegenden nicht berühren werde
4. Man lachte über Kolja und nannte ihn einen lügnerischen Prahl-
   hans wodurch er aber nur noch mehr angestachelt wurde
5. Er behauptete steif und fest er werde liegenbleiben
6. Da beschlossen die Knaben sich am Abend an einer bestimmten
   Stelle zu treffen
7. Zu der ausgemachten Zeit versammelten sich die Knaben und
   Kolja legte sich zwischen die Schienen
8. Die übrigen die gewettet hatten warteten bebenden Herzens unten am Bahndamm
9. Da donnerte in der Ferne der Zug heran der die Station verlassen hatte er kam heran und brauste vorüber
10. Die Knaben stürzten zu Kolja hin der unbeweglich und wie tot
    dalag
11. Plötzlich erhob er sich und ging schweigend den Bahndamm hin-
    unter
12. Dann erklärte er er habe absichtlich wie tot dagelegen um sie zu
    erschrecken
13. Die Wahrheit war aber die daß er tatsächlich die Besinnung ver-
    loren hatte was er auch später eingestand aber nur einem einzi-
    gen Menschen und zwar seiner Mutter

14 Sein Ruf ein verwegener Bursche zu sein war für alle Zeiten ge-
    festigt
    (Fjodor Dostojewski; geändert.)

Übung 96
Welche Rechte hat der Radfahrer auf dem Radweg?

 1. Radwege sind selten doch wo sie vorhanden sind so schreibt die
    Straßenverkehrsordnung vor müssen sie auch benutzt werden.
 2. Auf Radwegen dürfen nur Verkehrsteilnehmer fahren die ihr
    Zweirad mit Muskelkraft oder mit einem Hilfsmotor (Mofa) an-
    treiben.
 3. Radwege müssen selbst dann benutzt werden wenn sie sich auf
    der gegenüberliegenden Straßenseite befinden.
 4. Parkende Autos Schlaglöcher Straßeneinbrüche oder Glasscher-
    ben die eine Benutzung des Radwegs unzumutbar machen sieht
    die Polizei jedoch als ausreichende Gründe an kurzfristig den
    Radweg zu verlassen.
 5. Grundsätzlich gilt daß Radfahrer auf den für sie ausgeschilder-
    ten Sonderwegen ebenso hintereinander fahren müssen wie auf
    der Straße auch.
 6. Ausnahme Wenn sie den Verkehr nicht behindern dürfen sie ne-
    beneinander fahren.
 7. Freihändigfahren ist auf Radwegen ebenso verboten wie auf der
    Straße.
 8. Wer dennoch freihändig fährt und erwischt wird muß einige
    Mark Verwarnungsgeld bezahlen.
 9. Radfahrer die ohne ihre Fahrtrichtung zu ändern eine Kreuzung
    auf einem Radweg überqueren haben gegenüber dem rechtsab-
    biegenden Verkehr Vorfahrt falls dies nicht durch eine Ampel
    anders geregelt ist.
10. Es ist verboten auf dem Bürgersteig zu radeln.
11. Eltern verletzen ihre Aufsichtspflicht wenn sie ihr Kind auf dem
    Bürgersteig radfahren lassen.
12. Allerdings wurde von einem Gericht auch gesagt auf breitem
    Trottoir sei Radfahren zulässig wenn der Autoverkehr keine an-
    dere Möglichkeit zuließe.
13. Hier wird der Not gehorcht nicht dem Gesetz und Polizei und
    Rechtsprechung drücken in solchen Fällen meist ein Auge zu.
    (Leicht geändert aus: „Darmstädter Echo, Magazin zum
    Wochenende", Samstag, 26. Mai 1979, S. 1.)

Übung 97
Bundespräsident Scheel sagte 1975 von unserem Grundgesetz:

1. ... Die Väter des Grundgesetzes fragten sich wie es zu Hitler kommen konnte wo die Schwächen der Weimarer Verfassung lagen wie es möglich war daß ein großes Kulturvolk in die Hände eines Diktators fallen konnte.

2. Sie befragten die besten Verfassungen der Welt wie Freiheit und Recht am besten zu schützen seien.

3. Dieses Grundgesetz das wir uns schufen ist geboren aus den Leiden und Verwirrungen deutscher Geschichte.

4. Dieses Grundgesetz ist eine zutiefst deutsche Verfassung.

5. Solange dieses Grundgesetz lebendig bleibt solange sich Volk und Staat an die Werte halten die in den Grundrechtsartikeln stehen solange wir bereit sind für diese Werte nach innen und nach außen einzutreten – solange erfüllen wir die Bürger dieses Staates unsre Verantwortung vor der uns folgenden Generation ihr einen Rechtsstaat zu hinterlassen der zu den freiheitlichsten und sozialsten unsrer Welt gehört.

6. Wir die Bürger müssen uns kümmern.

7. Dies freilich ist nötig.

8. Wenn sie nicht vom Volk getragen wird ist auch die beste Verfassung nur ein Stück Papier.

9. Es ist entscheidend für die Bundesrepublik Deutschland daß jeder Bürger in diesem Lande ganz genau weiß was er verlieren würde wenn das Grundgesetz ihn nicht mehr schützt.
   (Bundespräsident Walter Scheel am 6. Mai 1975; zitiert nach: „Das Parlament" vom 19. Mai 1979, Bundeszentrale für politische Bildung, Berliner Freiheit 7, 5300 Bonn.)

Übung 98
Große Forscher

1. Ferdinand de Magellan ein portugiesischer Seefahrer in spanischen Diensten war 1519 mit fünf spanischen Schiffen von Spanien aus losgesegelt um einen Weg in westlicher Richtung zu den Molukken den Gewürzinseln zu suchen

2. Auf seiner Reise die drei Jahre dauerte durchfuhr Magellan als erster die Meeresstraße zwischen Feuerland und der Südspitze Südamerikas die später nach ihm benannt wurde

3. Magellan war es jedoch nicht vergönnt den erfolgreichen Ausgang seines gewagten Unternehmens zu erleben 1521 starb er im Kampf mit Eingeborenen auf den Philippinen
4. Nach seinem Tod setzte sein Schiff die Victoria die abenteuerliche Fahrt zu den Molukken fort
5. Nachdem hier wieder die Anker gelichtet worden waren segelten die wagemutigen Seefahrer um das Kap der Guten Hoffnung die Südspitze Afrikas herum und trafen 1522 wieder in Spanien ein
6. Sie vollendeten damit die erste Weltumseglung womit erwiesen war daß die Erde eine Kugel ist
7. (Aus „Gib acht" Nr. 9 1969 und Heft 4 1971)

Übung 99
Datumsgrenze
1. Als Elkano 1522 die von Magellan begonnene erste Weltumseglung beendet hatte stellte man bei seiner Ankunft in Spanien fest daß das Datum im Schiffstagebuch nicht mit dem Kalenderdatum in Spanien übereinstimmte
2. Nachdem man eine Zeitlang hin und her überlegt hatte wie die zeitliche Unstimmigkeit zu erklären sei wurde die Lösung gefunden
3. Das Schiff hatte die Erde in westlicher Richtung d. h. entgegen der Erdumdrehung umfahren
4. Das Schiff war gleichsam mit der Sonne gefahren d. h. sein Tag war etwas länger weil die Sonne etwas länger bei ihm war als auf jedem festen Punkt der Erde
5. Da jede östlich gelegene Zeitzone gegenüber der westlichen um eine Zeitstunde voraus ist hatte das Schiff beim Durchfahren von 24 Zeitzonen 24 Stunden d. h. einen Tag verloren
6. Fährt man dagegen von W nach O um die Erde gewinnt das Schiffstagebuch am Ende einen Tag weil jeder Tag der Reise etwas kürzer wird fährt man doch der Sonne entgegen
7. Um diese Differenz auszugleichen schuf man die Datumsgrenze die im Pazifischen Ozean in 180 Grad verläuft
8. Beim Passieren der Datumsgrenze wird bei der Fahrt nach Osten der Tag gedoppelt bei der Reise nach Westen ein Tag übersprungen
9. (Harms Handbuch der Geographie Physische Geographie und Nachbarwissenschaften List Verlag München Auflage 1976)

Übung 100

900 Meter unter dem Meeresspiegel

1. Um die Fauna der mittleren Wasserschicht zu studieren ließ sich der US-amerikanische Tiefseebiologe W. Beebe rund 900 Meter tief ins Meer hinabbringen.

2. Er tat dies in einer drucksicheren hermetisch abgeschlossenen Stahlkugel die Fenster aus Quarzglas hatte weil Quarzglas besonders klar lichtdurchlässig und stabil ist.

3. Beebe erzählt im Innern der Kugel vergaß man daß viele Tonnen Druck gegen uns herandrängten die mit jedem Meter den wir tiefer gingen noch anschwollen.

4. In der Tiefe um 200 Meter schauten wir durch die Fenster in das Dunkel unter uns als ein Lichtblitz unser Auge traf.

5. Er kam unerwartet und einen Augenblick war ich sprachlos.

6. Von dieser Tiefe an sahen wir unausgesetzt Lichter manchmal einzeln und ständig leuchtend oder auf- und abblitzend manchmal in Gruppen die sich entlang bewegten ohne den Abstand zu verändern ein Zeichen daß sie zu einem einzigen Tier gehörten.

7. Ein andermal glitten Lichter unabhängig voneinander vorüber es waren also verschiedene Fische einer Schule.

8. Manche dieser Lichter hoben sich aus den Hunderten die ich sah heraus.

9. Zwei gespenstisch grüne Lichter denen ein undeutlicher farbloser keilförmiger Leib folgte leuchteten nahe dem Fenster auf durch das ich schaute.

10. Dreißig Minuten in dieser Tiefe ließen mich fast das Atmen vergessen so viel Aufregendes gab es zu sehen.

11. (William Beebe 923 Meter unter dem Meeresspiegel Eberhard Brockhaus Verlag Wiesbaden 1952)

12. Weitere Bücher zur Tiefseeforschung

13. Hans Petterson Göteborg Rätsel der Tiefsee A. Francke Verlag Bern 1948 Sammlung Dalp.

14. Derselbe Über unerforschte Tiefen Biederstein Vlg. München 1954

Übung 101

Hier ist Vorsicht geboten

1. Wir können nicht sehen oder hören ob durch einen Draht elektrischer Strom fließt aber wir können es wenn der Strom stark genug ist spüren unter Umständen sogar schmerzhaft spüren.

2. Daran erkennen wir daß der menschliche Körper Strom leitet.
3. Elektrischer Strom der durch den menschlichen Körper geht ist gefährlich.
4. Versuche und bittere Erfahrungen belehren uns daß sich die Leitfähigkeit erhöht wenn die Haut an den Berührstellen naß ist.
5. Dies erklärt warum Unfälle mit Elektrizität besonders schwer sind wenn Feuchtigkeit im Spiel ist.
·6. Daraus folgt als Vorsichtsmaßnahme daß man nicht mit elektrischen Geräten umgehen darf wenn man naß ist wenn man auf feuchtem Boden steht oder in der Badewanne sitzt.
7. Hat man mit elektrischen Geräten zu arbeiten muß man sich immer wieder überzeugen daß ihre Isolation in Ordnung ist.
8. Gehen wir mit der Elektrizität verständnisvoll vorsichtig und verantwortungsbewußt um leistet sie uns nützliche Dienste.
(Nach verschiedenen Lehrbüchern.)

Übung 102
Wissen wir was elektrischer Strom ist?
1. Wollen wir die Frage beantworten was elektrischer Strom ist müssen wir etwas vom Aufbau des Atoms wissen.
2. Jedes Atom der kleinste Teil eines Elements besteht aus einem Kern der positiv geladen ist und Neutronen die negativ geladen sind.
3. Die Elektronen der einzelnen Elemente unterscheiden sich nicht die Atomkerne aber sind verschieden.
4. Auch ist die Anzahl der Elektronen die den Atomkern umkreisen bei den einzelnen Elementen verschieden groß.
5. Wie sich die Planeten um die Sonne bewegen so eilen sehr vereinfacht dargestellt die Elektronen auf bestimmten Bahnen mit ungeheurer Geschwindigkeit um die Atomkerne.
6. Die Elektronen können ihre Bahn nicht verlassen denn sie werden vom positiven Kern festgehalten d.h. der Kern bildet mit seinen Elektronen gewissermaßen einen festen Verband.
7. Eine Ausnahme machen die elektrischen Leiter bei ihren Atomen finden sich sogenannte freie Elektronen das sind Elektronen die nicht fest an den Atomkern gebunden sind.
8. Der Generator die Stromerzeugungsmaschine erzeugt dadurch Strom daß er mit Hilfe eines Magneten Elektronen in den Leitungsdraht schickt.
9. Nun stößt ein freies Elektron das andere an d.h. die freien Elektronen im Draht werden in Bewegung gesetzt.

10. Der Weg den ein einzelnes Elektron zurücklegt ist kurz.
11. Dadurch daß die Elektronen durch den Leiter gejagt werden werden sie unter Druck gesetzt.
12. Wenn ein elektrisches Gerät oder das Licht eingeschaltet wird erhalten die Elektronen die Möglichkeit dem Druck nachzugeben d.h. es fließt Strom.

(Nach verschiedenen Physikbüchern, so: Walz, Physik, Schroedel Verlag, Hannover; Scharnberg, Physik, Bd. 1, Klett Verlag, Stuttgart.)

Übung 103
Zugvögel

1. Wer sagt es den jungen Zugvögeln die zum erstenmal ihre Reise nach dem Süden antreten müssen wann sie die Reise beginnen in welcher Richtung sie ziehen und wann und wo sie sie beenden müssen
2. Soweit junge Zugvögel mit den schon älteren ihre Wanderung nach dem Süden antreten haben sie in den schon erfahrenen älteren Genossen zuverlässige Führer
3. Aber bei vielen Vogelarten wandern die jungen Vögel teils vor teils nach den Eltern weg vielfach sogar ohne jeden Reisegenossen
4. Es besteht wohl kaum ein Zweifel daß Hormonausschüttungen im Vogelkörper den Vogel nervös erregen und ihn gewissermaßen zum Wegfliegen zwingen
5. Wie findet aber der Vogel die Richtung in die er ziehen muß
6. Durch klug ausgedachte Versuche fand man heraus daß sich die Zugvögel bei ihren Wanderungen am Tag nach der Sonne orientieren und bei Nacht nach den Gestirnen
7. Was also die ersten Seefahrer erst mühsam erforschen und lernen mußten um in den Weiten des Meeres·den Weg zu finden das wird den jungen Vögeln schon mit in die Wiege gelegt
8. Sie wissen sofort wer ihnen den Weg weist auf ihrer Wanderung
9. Wenn Sonne oder Sterne durch Wolken verhüllt sind dann verzögern sie ihren Weiterflug oder sie werden unsicher

(Klaus Spranger, Schläft der Hase mit offenen Augen? Südwest Vlg., München 1971, S. 105.)

Übung 104
Erste Begegnung

1. Meine erste kleine Graugans war also auf der Welt und ich wartete bis sie unterm elektrischen Heizkissen das den wärmenden Bauch der Mama ersetzen mußte so weit erstarkt war daß sie den Kopf aufrecht zu tragen und ein paar Schrittchen zu gehen imstande war.

2. Den Kopf schiefgestellt sah sie mit großem dunklem Auge zu mir empor.

3. Mit e i n e m Auge denn wie die meisten Vögel fixiert auch die Graugans will sie etwas genau sehen einäugig.

4. Lange sehr lange sah mich nun das Gänsekind an.

5. Und als ich eine Bewegung machte und ein kurzes Wort sprach löste sich mit einem Male die gespannte Aufmerksamkeit und die winzige Gans g r ü ß t e.

6. Mit weit vorgestrecktem Hals und durchgedrücktem Nacken sagte sie sehr schnell und vielsilbig den graugänsischen Stimmfühlungslaut der bei kleinen Küken wie ein feines eifriges Wispern klingt.

7. Sie grüßte genau aber auch schon haargenau wie eine erwachsene Graugans und wie sie es noch Tausende Male in ihrem Leben tun wird.

(Konrad Lorenz, Er redete mit dem Vieh, den Vögeln und den Fischen, Verlag Dr. G. Borotha-Schoeler, Wien.)

Übung 105
Die Milchstraße

1. Unsre Sonne und ihre Trabanten Merkur Venus Erde Mars Jupiter Saturn Uranus Neptun und Pluto die sie ständig umkreisen gehören zum Milchstraßensystem.

2. Es ist dies eine Anhäufung von ca. 150 Milliarden Sternen die die Form einer bikonvexen Linse oder einer Diskusscheibe hat.

3. Die Ausmaße des Milchstraßensystems wie des gesamten Weltalls von dem wir im nächsten Aufsatz etwas hören sind unvorstellbar und nicht mehr mit Kilometern auszumessen sondern nur noch mit Lichtjahren.

4. Ein Lichtjahr ist die Strecke die das Licht mit einer Geschwindigkeit von 300 000 km/sec in einem Jahr zurücklegt.

5. Die Angaben über die Ausmaße des Milchstraßensystems schwanken, was verständlich ist weil sich solche Entfernungen nicht genau bestimmen lassen.

6. Der Längsdurchmesser wird mit 90 000 bis 100 000 Lichtjahren angegeben während der Höhendurchmesser 15 000 Lichtjahre betragen soll.

7. Unser Sonnensystem liegt am Rande der großen Linse und zwar auf der Längsachse rund 30 000 Lichtjahre vom Mittelpunkt und 50 Lichtjahre von der Mittelebene entfernt.

8. Die ganze Milchstraße rotiert um ihren Mittelpunkt und zwar fährt die Sonne mit 220 km/sec durch den Weltraum.

9. 230 Millionen Jahre braucht die Sonne bis sie einmal herumgefahren ist.

Übung 106
Galaxien

1. Die Milchstraße ist im Weltall nicht das einzige Sternsystem in der Fachsprache heißt es Galaxis es gibt noch andre

2. Das bekannteste Sternsystem neben der Milchstraße ist der Andromedanebel der am südlichen Sternhimmel zu sehen ist

3. Das Licht des Andromedanebels ist 2,7 Millionen Jahre unterwegs bis es bei uns ankommt

4. Es gilt als sicher daß die einzelnen Sternsysteme zusammen wieder ein System bilden man spricht von Supergalaxien

5. Die uns nächste Supergalaxie die im Sternbild Jungfrau zu suchen ist dürfte 42 Millionen Lichtjahre entfernt sein

6. Der fernste Spiralnebel der gefunden wurde ist fünf Milliarden Lichtjahre von uns entfernt

7. Man weiß heute daß die Galaxien sich bewegen und zwar entfernen sie sich alle voneinander

8. Ein Professor erklärte das einmal so Sie sehen am Modell wie die Galaxien auseinanderstreben und wie sich das Weltall ausdehnt wenn Sie auf einen Luftballon die Sternsysteme als Punkte auftragen und danach den Ballon aufblasen

9. Ob sich das Weltall wieder zusammenzieht wissen wir nicht

10. Jemand sagte dazu ich bin kein Astronom sondern ein einfacher Mensch der nicht nur ehrfürchtig steht vor der unfaßbaren Weite und Schönheit des Universums sondern auch die Menschen bewundert die diese Weiten berechnen und erschließen

11. Doch ich habe eine Frage wenn das Licht entfernter Sterne Jahrzehnte Jahrhunderte Jahrtausende und Jahrmillionen braucht bis es zu uns kommt ist es doch möglich daß die Sterne bzw. Galaxien deren Licht wir auffangen gar nicht mehr da sind

12. Woher wissen die Astronomen daß die Sterne deren Licht Jahrtausende alt ist heute noch da sind

13. Bücher die für die zwei letzten Aufsätze benutzt wurden und in denen noch mehr steht

14. Aschenbrenner Klaus Blick zu den Sternen ein astronomisches Taschenbuch Otto Salle Verlag Frankfurt/Main 1962

15. Brunner William Die Welt der Sterne Physica Verlag Würzburg 1959

16. Hoss Norman Die Sterne ein Was-ist-was-Buch Bd. 6 Neuer Tessloff Verlag Hamburg

Lösungen

Die hochgestellten Zahlen geben den Abschnitt an, nach dem das Satzzeichen gesetzt werden muß.

Übung 1

Jörg stürzte mit seinem Fahrrad und schürfte sich das Knie auf. Die Bagatellverletzung heilte in wenigen Tagen. Dennoch ist Jörg einige Wochen später im Krankenhaus an dieser Verletzung gestorben. Tetanusbazillen waren in die Wunde gekommen. Diese gefährlichen Bazillen lauern überall. Tetanusbazillen dringen durch die kleinste Wunde in den menschlichen Körper ein, und ist der Wundstarrkrampf erst einmal ausgebrochen, hilft auch eine schnelle Behandlung nicht mehr. Dabei braucht es diese grausame Krankheit eigentlich gar nicht mehr zu geben. Die von Emil von Behring mitentwikkelte Tetanusschutzimpfung ist gefahrlos und hat sich schon millionenfach bewährt.

Übung 2

Die Bundesrepublik Deutschland feierte 1979 ihren dreißigsten Geburtstag. Das Grundgesetz wurde am 23. Mai 1949 verkündet. Am 14. August wählten die Bürger Westdeutschlands zum erstenmal den Bundestag. Dieser wählte im September 1949 Konrad Adenauer zum Bundeskanzler. Der erste Bundespräsident hieß Theodor Heuss. Die wenigsten Bürger wissen, was in unsrer Verfassung steht. Nur ganz wenige haben sie gelesen oder gar durchgearbeitet. Der aufgeschlossene Bürger aber sollte die Verfassung seines Staates kennen. Der politisch wache Bürger wird an ihr alle politischen Vorgänge messen und Verfassungsnorm von Verfassungswirklichkeit unterscheiden lernen.

Übung 3

Sehr geehrte Frau Kali, sehr geehrter Herr Kali, neulich besuchte unsre Arbeitsgruppe das Büro der CB-Mission in Bensheim a. d. B. Wir alle waren tief beeindruckt von dem, was wir da erfuhren. Bis zu diesem Besuch hatten wir alle gemeint, eine Mission hätte außer ein paar frommen Sprüchen nichts zu bieten. Nun aber wurden wir eines Besseren belehrt. Wir hörten, daß Ärztinnen und Ärzte, Krankenschwestern und Krankenpfleger, Lehrerinnen und Lehrer in der Mission tätig sind. Sie operieren Blinde und heilen von Blindheit

Bedrohte. Sie geben Hungernden zu essen und zu trinken und behandeln Aussätzige. Lehrerinnen und Lehrer unterrichten Erwachsene und Kinder und führen somit einen erfolgreichen Kampf gegen das Analphabetentum in der dritten Welt. Mit Autos und mit Omnibussen, die zu fahrenden Operationssälen umgebaut wurden, ja selbst mit Hubschraubern kommen sie zu abseits und allein wohnenden Menschen, um ihnen zu helfen. Die Leute der Mission arbeiten für einen geringen Lohn. „Einer trage des anderen Last" ist für sie verpflichtend. Aber ganz ohne Geld kommen auch sie nicht aus. Medikamente und ärztliche Ausrüstung sind teuer und werden immer teurer. Deshalb frage ich Sie, ob Sie nicht einmalig oder auch regelmäßig eine finanzielle Spende an die CB-Mission überweisen wollen. Ich hoffe sehr, daß Sie es tun. Der kommende Missionssonntag möge Ihnen neben meinen Ausführungen Anlaß dafür sein.

Mit herzlichen Grüßen
Ihr Franz Müller

Übung 4

1. Da wir Atome und Moleküle nicht sehen können, . . . arbeitet man im Physikunterricht mit anschaulichen Modellen.
2. Eines der Bücher, die ich mir als Kind immer wieder vornahm . . ., war Jakobsons „Adamson".
3. An reifenden Kornähren findet man manchmal an Stelle des Korns . . . das Mutterkorn. Oder: An reifenden Kornähren findet man manchmal . . . das Mutterkorn.
4. Opium, Morphium und Heroin sind Rauschgifte, die . . . süchtig machen.
5. Gregor Mendels Buch „Versuche über Pflanzenhybriden" wurde . . . nicht beachtet . . .
6. Dort, wo Aller und Ilse zusammenfließen, am Schnittpunkt der Salzstraße . . . mit der Kornstraße . . . entwickelte sich seit dem 13. Jahrhundert die Stadt Gifhorn. Oder: Dort, wo Aller und Ilse zusammenfließen, . . . entwickelte sich . . . die Stadt Gifhorn.
7. Dick angekreuzt auf der Liste einer gesunden, schönheitsfördernden Diät . . . sind die Mineralstoffe.
8. Die meisten Getränke haben Kalorien, die bei einer Diät unbedingt mitgezählt werden müssen . . .
9. Albert Weißgerber . . . ist als Meister impressionistischer Farbbeherrschung und Bildfügung in die neuzeitliche Geschichte der Malerei eingegangen . . . Oder: Albert Weißgerber . . . war in München der erste Präsident der Neuen Sezession.

10. Ich möchte Politik . . . als das Verhalten definieren, durch das der Mensch im schöpferischen Umgang auf die Welt und die Geschichte zu wirken sich bemüht.
11. Der Widerspruch des Bundestages gegen entscheidende Gesetzesentwürfe . . . kann die Regierungsfähigkeit des Bundeskabinetts stark beeinträchtigen . . .
12. Wer ist nach Steinbuchs Ansicht nun aber schuld an der vorgeblich maßlosen Information, wer ist schuld daran, daß wir angeblich längst nicht mehr Herr unsres eigenen Verstandes sind . . .?
13. Die vielgerühmte Bergstraße . . . ist überreich an geschichtlichen Geschehnissen und geschichtlichen Stätten.
14. Die Mona Lisa ist im Vergleich zu anderen Frauen, die zur selben Zeit porträtiert wurden . . ., von ausgezeichneter Einfachheit und Schlichtheit.

Übung 5

1. Hamburg, Bremen, Bremerhaven, Wilhelmshaven sind deutsche Nordseestädte.
2. Odenwald, Spessart, Harz, Taunus, Schwarzwald . . . gehören zu den deutschen Mittelgebirgen.
3. Neckar, Main, Nahe, Lahn, Mosel, Wupper, Ruhr, Sieg sind Nebenflüsse des Rheins.
4. Iller, Lech, Isar, Inn, Wörnitz, Altmühl, Naab, Regen sind Nebenflüsse der Donau.
5. Mont Blanc, Zugspitze, Großglockner sind die höchsten Berge der Alpen.
6. Wolga, Donau, Ural, Dwina, Rhein, Elbe, Weichsel zählen zu den längsten Strömen Europas.
7. Bernhardiner, Dackel, Boxer, Spitz, Bluthund, schottischer Schäferhund, russischer Windhund, Vorstehhund sind Hunderassen.
8. Hunde, Katzen, Schafe, Kühe sind Haustiere.

Übung 6

1. Unsre Reise führte uns nach Zürich, Luzern, Mailand und Rom.
2. Überall wohnten wir in guten, nicht zu teuren Hotels.
3. Alle Teilnehmer unsrer Reise waren interessierte, unternehmungslustige, fröhliche Menschen.
4. Unser Reiseführer war ein witziger, schlagfertiger, kluger Mann.
5. Wir besuchten Museen, Theateraufführungen, Sportveranstaltungen sowie Konzerte.
6. Wir sahen mächtige Dome, überlebensgroße Statuen, weltberühmte, unvergeßliche Gemälde sowie reizvolle Landschaften.

7. In Florenz und Ravenna trafen wir Deutsche, Engländer, Holländer, Franzosen, Norweger, Inder und Japaner.
8. Alles Schöne und Sehenswerte haben wir entweder gefilmt oder fotografiert.
9. Nur Peter hat weder gefilmt noch geknipst.
10. Er hat gemalt und gezeichnet bzw. skizziert.
11. Die Reiseteilnehmer sammelten Bierdeckel, Briefmarken, Ansichtskarten, Streichholzschachteln sowie Blätter und Blüten fremder Pflanzen.
12. In den Souvenirläden fanden wir sowohl Gebrauchsgegenstände als auch Luxusartikel.
13. Unsren Verwandten, Freunden und Bekannten kauften wir kunstvoll geschliffene Gläser, feine Lederwaren, Vasen, Schmuck und geschmackvoll verzierte Feuerzeuge.
14. Auf unsrer Reise haben wir weder gefaulenzt noch uns übermäßig angestrengt.

Übung 7
1. Der Kerl ist dumm, aber gerissen.
2. Er sagte es halb scherzend, halb im Ernst.
3. Herr Schwab ist bald im westlichen Ausland, bald im östlichen.
4. Wir sehen uns noch diese Woche wieder, andernfalls erst in einem halben Jahr.
5. Er hatte mehr Glück als Verstand.
6. Die Schuhe sind chic, aber teuer.
7. Sein übermäßiger Eifer hat ihm teils genützt, teils geschadet.
8. An vielen Tankstellen gibt es nicht nur Benzin und Öl, sondern auch Reiseproviant.
9. Seine gute Stellung verdankt er einesteils guten Beziehungen, andernteils seinem Fleiß.
10. Er hat sich immerhin bemüht, wenn auch erfolglos.
11. Birgit hat in Englisch eine Eins, außerdem in Mathematik.
12. Familie N. ist andern Mietern gegenüber äußerst mißtrauisch, allein völlig grundlos.
13. Fritz schießt häufig, doch jedesmal am Tor vorbei.
14. Ob im Frühjahr, ob im Herbst − immer sollten Sie an Ihre Gesundheit denken und eine Obstkur machen.
15. Einerseits trieben ihn seine häuslichen Verhältnisse, andererseits seine Abenteuerlust in die Ferne.
16. Dreimal versuchte Frau Z. den Führerschein zu machen, allein immer vergebens.

Übung 8

1. Lieber Onkel, vielmals danke ich dir für deine Hilfe.
2. Für deine Hilfe, lieber Onkel, danke ich dir vielmals.
3. Für deine Hilfe danke ich dir vielmals, lieber Onkel.
4. Sehr geehrte Frau Gruber, wir danken Ihnen für Ihre Einladung.
5. Ich bin krank, Herr Schulz, und bitte um eine Gefälligkeit.
6. Claudia, du sollst nicht ständig Faxen machen.
7. Deine Aufsätze sind besser geworden, Andreas.
8. Auf diese Leistung, Wolfgang, kannst du stolz sein.
9. Herr Müller, darf ich mir einen von Ihren schönen Äpfeln nehmen?
10. Sie dürfen sie alle nehmen, Herr Meier.
11. Was meinen Sie, Herr Ackermann, ob ich den Sprung wohl wagen kann?
12. Na, mein lieber Rolf, spielst du mal mit mir Golf?
13. Bedaure nein, Herr Knorn, ich stoß viel lieber ins Horn.

Wiederholung

1. Seine Kleider waren verschwunden und mit ihnen Brieftasche, 2.1 Geld, Paß, Notizbuch, Schlüsselbund, Füllfederhalter und Reiseschecks.
2. Unser Weg führte uns bald übers freie Feld, 2.2 bald durch schattigen Wald.

Übung 9

1. Das war unfair, in der Tat.
2. Nein, das kann ich nicht glauben.
3. Ach, das hätte ich nicht gedacht.
4. Fürwahr, das ist keine Heldentat gewesen.
5. Kurz und gut, das kann ich nicht erlauben.
6. Wirklich, ein solches Betragen hält man nicht für möglich.
7. Unmöglich, das kann nicht wahr sein.
8. Sicher, seinen Mut und seine Einsatzbereitschaft muß man loben.
9. Vor der Kündigung wollen wir ihn zweimal schriftlich mahnen, aus Fairneß.
10. Nun ja, man kann ja nochmals darüber sprechen.
11. Nein, so hat sie es nicht gesagt.
12. Immerhin, es gibt auch andre Meinungen.
13. Das ist ein guter Rat, gewiß.

Wiederholung

1. Opel, VW, Ford, Simca, 2.1 Peugeot sind bekannte 2.1 westeuropäische Autofirmen.
2. Vergiß nicht BMW, Mercedes, Fiat, 2.1 Citroën.
3. Werner war Klassenbester in Mathematik, 2.2 dagegen eine Niete in Leichtathletik.

Übung 10

1. Schleswig, den 11. November 19 . . .
2. Komm doch bitte am Sonntag um 15 Uhr zu mir.
3. Heute ist Freitag, der 3. April 19 . . .
4. Der Wetterbericht vom Montag, dem 5. Mai, lautet: . . .
5. Gern schicken wir Ihnen die Zeitung vom Samstag, dem 19. Juni.
6. Das Konzert findet statt am Freitag, dem 21. Juli, abends 20 Uhr in der Beethovenhalle.
7. Montag, den 18. Mai, 14.15 Uhr[,] beginnt das Ausscheidungsspiel.
8. Der Dieb wurde am letzten Donnerstag, dem 15. September, gegen 20 Uhr in der Dornheimer Str. verhaftet.
9. Das Urteil wird am kommenden Mittwoch, dem 13. August, gegen 17.00 Uhr erwartet.
10. Die beiden Staatsmänner treffen sich am Dienstag um 10.00 Uhr.
11. Ich erhielt dein Paket Freitag, den 26. Juni.
12. Meine Tante kam am Freitag, dem 26. Juli, hier an.
13. Meine Eltern kamen am Samstag, den 27. Juli an.
14. Mein Mann kam am Samstag, dem 28. August, 11 Uhr von seiner Geschäftsreise zurück.
16. Groß-Umstadt, im November 1980.

Übung 11

1. Herr Dr. Kleinknecht hat seine Praxis nach 2045 Stumpfheim, Fichtenweg 4 verlegt.
2. Herr Walter Rotfleck, Mainzer Str. 2, 5320 Seebach, war der 1 000. Besucher der Ausstellung.
3. Frau Elise Nagel, Stiftsweg 5, 2310 Baumhausen, hat den besten Entwurf eingereicht.
4. Meine Eltern wohnten viele Jahre in Groß-Umstadt, Raibacher Tal 57.

5. Herr Großmaul aus Winzigstadt, Reitweg 17 wird den Vortrag halten.

6. Der Künstler stellt in 2000 Hamburg, Wasserstr. 11 seine Werke aus.

7. Während unseres Urlaubs wohnen wir in 6111 Fischbachtal, Breubergweg 5.

8. Herr Müller, Holzweg 5, 6097 Trebur, hat sich um die freiwerdende Wohnung beworben.

9. Herr Helmut Leppa aus 6080 Groß-Gerau, Kastanienallee 15 will in Wallerstädten ein Haus bauen.

10. Herr Nußbaum, Kirschweg 13, 6090 Rüsselsheim, hat das Große Los gewonnen.

11. Die Firma „Klarsicht", Rheingoldstr. 18, 6112 Heubach, wird die Fenster meines Hauses erneuern.

12. Die Firma „Farb und Glanz", Fußballstr. 15, 6100 Darmstadt, hat mein Auto ausgebeult und lackiert.

Übung 12

1. Klaus Spranger, Schläft der Hase mit offenen Augen?, München 1971, Südwest Verlag, S. 20

2. Bloch, Ernst: Prinzip Hoffnung, Frankfurt am Main 1959, Suhrkamp Verlag, S. 25

3. Ditfurth, Hoimar von: Kinder des Weltalls, Hamburg 1970, Hofmann und Campe Verlag, Büchergilde Gutenberg, S. 43

4. Nichols, Jack Phil: Ich hab's gewagt, Lili, in: „Das Beste aus Reader's Digest", April 1950, S. 18

5. Cousteau, Das lebende Meer, Köln 1964, Kiepenheuer und Witsch, S. 56

6. Wilhelm Matull, Große Deutsche aus Ostpreußen, München o. J., Gräfe und Unzer Verlag

7. Reichardt, Hans: Briefmarken, ein „Was-ist-was-Buch", Hamburg 1973, Neuer Tessloff Verlag, S. 28

8. Friedrich Dürrenmatt, Zusammenhänge, Essay über Israel, Zürich 1976, Peter Schifferli Verlags AG Die Arche

9. Hans Erich Nossack, Spirale, Roman einer schlaflosen Nacht, Frankfurt am Main 1972, Suhrkamp Taschenbuch Verlag

10. Leonhard Reinisch, Permanente Revolution von Marx bis Marcuse, München 1969, Verlag Georg D. W. Callwey

11. Popp, Adelheid: Jugend einer Arbeiterin, Bonn-Bad Godesberg 1 1977, Verlag J. W. Dietz Nachf. GmbH

12. Die schönsten Geschichten von Max Dauthendey, München 1949, Paul List Verlag, S. 25
13. Antoine de Saint-Exupery, Der kleine Prinz, Düsseldorf o. J., Karl Rauch Verlag
14. Eberhard Horst, Friedrich der Staufer, eine Biografie, Düsseldorf 1975, Claasen Verlag
15. Elsa Sophia von Kamphoevener, Der Zedernbaum, Hamburg 1966, Christian Wegner Verlag

Übung 13

1. Der Abend funkelte über die Felder, eine Reisekutsche fuhr rasch die glänzende Straße entlang, der Staub wirbelte, der Postillion blies, hinten auf dem Wagentritte aber stand ein junger Bursche . . .
2. Die Kinder tobten, der Hund bellte, und der Kanarienvogel trillerte.
3. Der Rucksack war schwer, aber der Knirps trug ihn.
4. Er war mit Geschmack gekleidet, sein Gesicht war bleich, und um seine Augen lagen tiefe Schatten.
5. Die Nacht war zeitig hereingebrochen, der Himmel war düster, und ich befand mich in einem fremden Wald.
6. Spann den Schirm auf, es fängt an zu regnen.
7. Der Boden war von den Rädern der Traktoren aufgeweicht, und von dem Gewitter am Vormittag waren noch Pfützen da.
8. Der Regen hatte aufgehört, aber der Himmel war von schweren Wolken verhangen.
9. Mein Wanderkamerad erholte sich bald, und wir konnten unsere Wanderung fortsetzen.
10. Sie hatte nichts gesehen, aber sie hatte alles gehört.
11. Der Bundeskanzler hat keine Kommandogewalt über die Minister, aber er hat einen Führungsanspruch ihnen gegenüber.
12. Demokratie und res publica laufen nicht von allein, sie brauchen jeden von uns.
13. Dieses Gerangel um die Neubesetzung der Stelle sollte zwar geheim bleiben, aber heute redet man doch überall davon.
14. Lach nicht, mich stimmen diese Vorkommnisse traurig.

Übung 14

1. Wir können schwimmen gehen, denn die Sonne scheint.
   Die Sonne scheint, daher können wir schwimmen gehen.
   Die Sonne scheint, aber wir können nicht schwimmen gehen.

2. Wir können abreisen, wir haben nämlich Urlaub.
   Wir haben Urlaub, daher können wir abreisen.
   Wir haben Urlaub, wir können jedoch nicht abreisen.
3. Wir können in Urlaub fahren, denn wir haben unsere Koffer gepackt.
   Wir haben unsere Koffer gepackt, also können wir in Urlaub fahren.
   Wir haben unsere Koffer gepackt, dennoch können wir nicht in Urlaub fahren.
4. Ich kann mir ein Transistorgerät kaufen, denn ich habe mir Geld gespart.
   Ich habe mir Geld gespart, daher kann ich mir ein Transistorgerät kaufen.
   Ich habe mir Geld gespart, dennoch kann ich mir kein Transistorgerät kaufen.
5. Mike kann wieder Fußball spielen, denn der Arzt hat ihn gesund geschrieben.
   Der Arzt hat Mike gesund geschrieben, daher kann er wieder Fußball spielen.
   Der Arzt hat Mike gesund geschrieben, aber er kann nicht Fußball spielen.
6. Dieter kann die Kommaregeln, er befaßt sich nämlich seit einigen Wochen damit.
   Dieter befaßt sich seit einigen Wochen mit den Kommaregeln, daher kann er sie.
   Dieter befaßt sich seit einigen Wochen mit den Kommaregeln, trotzdem kann er sie nicht.
7. Karl und ich sind braungebrannt, denn wir waren den ganzen Tag im Freien.
   Karl und ich waren den ganzen Tag im Freien, deshalb sind wir braungebrannt.
   Karl und ich waren den ganzen Tag im Freien, wir sind jedoch nicht braungebrannt.
8. Klaus kann geometrische Körper berechnen, denn er übte das mit seinem Freund.
   Klaus übte mit seinem Freund, geometrische Körper zu berechnen, daher kann er das.
   Klaus übte mit seinem Freund, geometrische Körper zu berechnen, dennoch kann er das nicht.
9. Edwin gelingt die Grätsche übers Pferd, er übte sie nämlich fleißig.

Edwin übte fleißig die Grätsche übers Pferd, deshalb kann er sie.

Edwin übte zwar fleißig die Grätsche übers Pferd, aber er kann sie nicht.

10. Herberts Fahrrad läuft gut und rostet nicht, denn er pflegt es.

Herbert pflegt sein Fahrrad, darum läuft es gut und rostet nicht.

Herbert pflegt sein Fahrrad, dennoch läuft es schlecht und rostet.

11. Karin kann nicht zur Arbeit kommen, sie leidet nämlich an Kopfschmerzen.

Karin leidet an Kopfschmerzen, daher kann sie nicht zur Arbeit kommen.

Karin leidet an Kopfschmerzen, trotzdem kommt sie zur Arbeit.

12. Norbert konnte das Buch nicht kaufen, er hatte nämlich kein Geld.

Norbert hatte kein Geld, daher konnte er das Buch nicht kaufen.

Norbert hatte Geld, dennoch konnte er das Buch nicht kaufen.

13. Ich kann heute nicht schreiben, denn ich habe einen kranken Finger.

Ich habe einen kranken Finger, daher kann ich nicht schreiben.

Ich habe einen kranken Finger, trotzdem schreibe ich.

14. Roland kann nicht mitturnen, er hat sich nämlich den Fuß verstaucht.

Roland hat sich den Fuß verstaucht, daher kann er nicht mitturnen.

Roland hat sich den Fuß verstaucht, dennoch turnt er mit.

15. Anni konnte ihrem Freund nicht helfen, denn sie mußte ihre kranke Großmutter besuchen.

Anni mußte ihre kranke Großmutter besuchen, deswegen konnte sie ihrem Freund nicht helfen.

Anni mußte ihre kranke Großmutter besuchen, dennoch half sie ihrem Freund.

Übung 15

1. Der Zug auf Gleis 1 fährt nach Hamburg, und der auf Gleis 2 fährt nach Kassel.
2. Bernd macht Urlaub in Frankreich, und Thomas fährt nach Spanien.
3. Silvia besucht den Kurs Maschinenschreiben, und ihre Schwester besucht den Stenografiekurs.

4. Wandergruppe A trifft sich am Sportplatz, und Wandergruppe B trifft sich am Denkmal.
5. Ulla zählt die Bücher, und Kerstin ordnet die Bücher.
6. Lilian spielt Tennis, oder sie läuft am Strand.

Übung 16

1. Immer dringlicher wird heute auf den Schutz unserer Umwelt hingewiesen, denn der Mensch verunreinigt und vergiftet immer mehr die Natur und damit sich selbst.
2. An der Umweltverschmutzung sind wir mehr oder weniger alle beteiligt, doch die Industrie ist am meisten daran schuld, denn Tag für Tag leitet sie giftige Abwässer in die Flüsse und bläst giftige Gase in die Luft.
3. Der Rhein war vor Jahren noch ein sauberes Gewässer, doch heute ist er der größte Abwasserkanal Europas.
4. Teure und komplizierte Kläranlagen reinigen zwar die Abwässer, dennoch werden unsre Flüsse und Seen immer mehr zu Kloaken.
5. In unseren Gewässern können kaum noch Fische leben, denn der Gehalt an Giftstoffen steigt, und der Sauerstoffgehalt sinkt.
6. Neben giftigen Abwässern fließen täglich Unmengen Öl in die Flüsse und ins Meer, folglich wächst die tödliche Gefahr der Ölpest immer mehr.
7. Schon viele Gewässer sind ölverpestet, deswegen müssen Tausende von Fischen und Seevögeln elend sterben.
8. Sauberes Wasser ist für Pflanzen, Tiere und Menschen lebensnotwendig, aber auch saubere Luft brauchen wir.
9. Doch unsere Luft wird hoffnungslos verschmutzt, denn viele Millionen Tonnen Staub und Giftgase werden in der Bundesrepublik Deutschland jährlich in die Luft geblasen.
10. Neben der Industrie sind viele private Haushaltungen sowie Autos und Motorräder an der Luftverschmutzung schuld, denn auch sie stoßen eine Unmenge Gift und Schmutz aus.
11. Durch die Auspuffgase der Autos und Motorräder steigt der Bleigehalt der Luft, darum muß der Bleigehalt des Benzins gesenkt werden.
12. An jedem Schlot, an jedem Kamin und an jedem Auspuffrohr sollte ein Abgasfilter angebracht sein, denn nur so kann der Monoxidgehalt der Luft vermindert werden.
13. Ein anderes Problem für uns ist der Müll, denn wir wissen bald nicht mehr, wohin damit.

14. Der Müll nimmt immer mehr zu, deswegen sollen Einwegflaschen verschwinden, und es dürfte nur noch leicht zu vernichtendes Verpackungsmaterial verwendet werden.
15. Überall findet man heute Papierkörbe, und jede Gemeinde hat ihre Müllabfuhr, dennoch kippen rücksichtslose Zeitgenossen immer wieder ihren Müll neben öffentliche Wege oder in den Wald.
16. Aber auch unser Wald muß geschützt und erhalten werden, denn sonst versteppt und versandet unser Land.
17. Der Wald speichert Wasser, gibt frische Luft und Erholung, deshalb müssen wir ihn sauberhalten, pflegen und schützen.
18. Ohne Luft, Wasser und Wald können wir nicht leben, trotzdem gehen wir oft sehr sorglos damit um.
19. Über den Umweltschutz müssen wir uns alle Gedanken machen, denn die Verschmutzung unsrer Umwelt kann uns eines Tages unsre Gesundheit und unser Leben kosten.

Übung 17

1. Die Mondfahrten der Astronauten, sie gehören zu den kühnsten Taten der Menschheit, sind fast schon vergessen.
2. Der neue Autotyp, ich bin gestern damit gefahren, bleibt weit hinter meinen Erwartungen zurück.
3. Mein neues Hemd, ich habe es in einem der besten Geschäfte gekauft, ist schon bei der ersten Wäsche eingelaufen.
4. Edison, das wissen Sie vom Physikunterricht oder von Kreuzworträtseln, ist der Erfinder der Glühbirne.
5. Der höchste Berg Europas, sein Name ist Ihnen sicher bekannt, ist 4000 Meter hoch.
6. Die Hauptstadt Schottlands, sie zählt für mich zu den schönsten Städten Europas, heißt Edinburgh.
7. Der Wal, Kreuzworträtsel fragen immer wieder danach, ist ein Säugetier des Meeres.
8. Die Sonnenblume, ihr Same wird als Futter von Vögeln sehr begehrt, ist ein Korbblütler.
9. Kaiser Friedrich Barbarossa, er war eine mächtige, aber auch tragische Herrscherpersönlichkeit des Mittelalters, gehörte zum Geschlecht der Hohenstaufen.
10. Adolf Hitler, er hat wie kein anderer Deutschlands Namen und Ansehen geschändet, endete 1945 durch Selbstmord.

11. Das Sternbild der „Große Wagen", es ist wohl das bekannteste Sternbild, weist mit seiner „Hinterachse" zum Polarstern.
12. Die Städte Flanderns, sie sind Kleinodien europäischer Städtebaukunst, zeugen von dem einstigen wirtschaftlichen Wohlstand und dem Kunstsinn der Flamen.

Übung 18

1. Der deutsche Lehrer Philipp Reis, der 1834 in Gelnhausen geboren wurde, erfand um 1860 das Telefon.
2. Im Jahre 1861 führte er in Frankfurt a.M. eine „künstliche Hör- und Sprechvorrichtung" vor, die in ihren Grundzügen bereits die wichtigsten Eigenschaften des heutigen Fernsprechers aufwies.
3. Reis, der wegen seiner Armut seine Erfindung nicht ausbauen konnte, hat mit ihr den Menschen ein Geschenk gemacht, das heute nicht mehr wegzudenken ist.
4. Der Amerikaner Graham Bell baute 16 Jahre später das erste Telefon, das sich praktisch verwenden ließ.
5. Das erste Ferngespräch, das über viele Kilometer ging, führten zwei Menschen, von denen sich der eine in Berlin, der andere in Hildesheim befand.
6. Die ersten Telefone bestanden aus einem großen Holzkasten, der in Reichhöhe an der Wand hing.
7. Mit der Kurbel, die sich an seiner rechten Seite befand, läutete man das Amt an, das die Verbindung mit dem gewünschten Teilnehmer herstellte.
8. Während des Telefonats hielt man sich einen Trichter ans Ohr, der den Hörmagneten enthielt.
9. Man sprach in einen Trichter, in dem sich das Mikrofon befand.
10. Heutzutage werden Anlagen verwendet, durch die sich jeder Teilnehmer mit dem anderen selbst verbindet.
11. Bei den heutigen Apparaten, die in einem gefälligen Kunststoffgehäuse untergebracht sind, vertritt die Wählerscheibe die Kurbel.
12. Sie enthält am Rande zehn Löcher, unter denen die Ziffern 1 bis 0 geschrieben stehen.
13. Der Hörer, der den eigentlichen Hörer und das Mikrofon enthält, ist durch eine spiralig gewundene Schnur mit dem Apparat verbunden.
14. Er liegt auf einer Halterung, die beim Abnehmen des Hörers leicht in die Höhe springt.
15. Das Mikrofon besteht aus mehreren Kapseln, die mit Kohlekörnern gefüllt sind.

16. Durch die Stromstöße, die beim Sprechen entstehen, wird die Membrane in der Hörmuschel des Gesprächspartners in Schwingungen versetzt, die auf die umgebende Luft übertragen und vom Ohr als Laute vernommen werden.

17. In den gelb eingebundenen Fernsprechbüchern, die die Rufnummern aller Fernsprechteilnehmer enthalten, finden wir auf den ersten Seiten die Nummern für die Notrufe.

Übung 19

1. Einem Bericht über die Lappen, den wir in einem Erdkundebuch fanden, entnehmen wir:

2. Die Lappen, deren Heimat das nördliche Skandinavien ist, nennen sich selbst Saamer.

3. Die Lappen, die früher Nomaden waren, sind heute größtenteils seßhaft.

4. Die Lappen, die heute Fischer, Bauern und Jäger sind, waren früher Nomaden.

5. Die Wanderlappen, deren Herden oft tausend und mehr Tiere stark sind, ziehen im Frühjahr ins Gebirge, im Herbst in die Täler.

6. Die seßhaften Lappen wohnen in Erdhütten oder kleinen Holzhäusern, deren Einrichtung noch sehr der des Zeltes gleicht, das ihre Vorfahren einst auf ihren Wanderungen aufgeschlagen haben.

7. Alle wohnen in einem Raum, dessen Boden mit einer Schicht Weidenzweige bedeckt ist, auf die man sich niederläßt.

8. Der Mann trägt einen langen Kittelrock, der mit roten und gelben Litzen besetzt ist.

9. Seine Beine, die leicht gekrümmt sind, stecken in Lederröhren.

10. Seinen Kopf bedeckt eine Mütze, von der vier bunte Zipfel baumeln.

11. Die Lappenmutter trägt auf ihrem Rücken eine schmale Kinderwiege, die mit Rentierfell überzogen ist.

12. Die Lappen trinken den Kaffee, der ihr Leib- und Magengetränk ist, mit Salz.

13. Auch geben sie Käse, der aus Rentiermilch gewonnen ist, in den Kaffee, der dadurch gelbgrün wird.

14. Gerührt wird der Kaffee mit einem Stäbchen, das aus Holz oder Rentiergeweih geschnitzt ist.

15. Das Ren, das ein wenig unserem Hirsch vergleichbar ist, liefert dem Lappen seinen Lebensunterhalt.

16. Rentierfelle bringen ihm gutes Geld, mit dem er die notwendigen Dinge kaufen kann, die ihm Europa in den Norden schickt.
17. Im Winter, den sie im Freien verbringen, scharren die Tiere die dicke Schneedecke auf und suchen Flechten, von denen sie sich ernähren.
18. Von Mitte Mai bis Ende September weiden sie auf den Bergen außerdem das Rentiermoos ab, das sie gern fressen und von dem ihre Milch fett und nahrhaft wird.

Übung 20

1. Der Radfahrer soll trainieren, damit er sowohl mit dem rechten als auch mit dem linken Fuß zurücktreten kann.
2. Je schneller die Fahrt ist, desto länger ist der Bremsweg.
3. Wenn die Straße naß ist, kann sich der Bremsweg erheblich verlängern.
4. Der fahrende Verkehrsteilnehmer muß stets bremsbereit sein, weil in jedem Augenblick eine Gefahr auftauchen kann.
5. Immer wieder klärt die Polizei die Bevölkerung über die Gefahren und die Regeln des Straßenverkehrs auf, so daß eigentlich jedermann darüber Bescheid wissen müßte.
6. Der moderne Verkehr ist so kompliziert geworden, daß man den Verkehrsablauf in den nächsten Sekunden voraussehen können muß.
7. Er verlangt den hellwachen und mitdenkenden Verkehrsteilnehmer, weil sonst der Verkehr erheblich gestört werden kann.
8. Aber obwohl immer wieder auf die Gefahren im Straßenverkehr hingewiesen wird, verhalten sich manche Verkehrsteilnehmer sehr leichtsinnig.
9. Jeder muß alle Verkehrsregeln und die Verkehrssituation genau beachten, damit kein Unfall verursacht wird.
10. Auch muß jeder Verkehrsteilnehmer damit rechnen, daß der andere unaufmerksam ist.
11. Abbiegen nach rechts oder links muß angezeigt werden, damit sich die anderen Verkehrsteilnehmer danach richten können.
12. Radfahrer und Autofahrer müssen immer darauf achten, daß die Bremsen und die Beleuchtung an ihrem Fahrzeug einwandfrei funktionieren.
13. Man sollte nur gut ausgeruht am Steuer sitzen, damit man richtig und schnell reagieren kann.

14. Autofahrer und Radfahrer müssen besonders auf stillen Nebenstraßen auf spielende Kinder achten, weil diese hier keinen Verkehr erwarten.

15. Der Fußgänger denkt: „Weil mir mein Leben lieb ist, spaziere
ich nicht auf der Fahrbahn herum."

16. Wenn wir zu nahe an den Bordstein gehen, können wir von
einem fahrenden Auto gestreift und mitgerissen werden.

17. Wenn wir bei Nacht helle Kleidung tragen, werden wir von den
Kraftfahrern leichter gesehen, als wenn wir dunkle tragen.

18. Bevor wir die Fahrbahn überqueren, halten wir nach dem nächsten Fußgängerüberweg Ausschau.

19. Wenn dieser fehlt, blicken wir erst nach links, dann nach rechts
und überqueren dann geradewegs und zügig die Straße.

20. Ein uns bekannter Weg kann uns besonders gefährlich werden,
weil wir uns sicher fühlen.

21. Besonders Kinder verhalten sich sorglos und unberechenbar,
wenn ihnen eine bestimmte Wegstrecke vertraut geworden ist.

22. Auch wenn man einen Weg gut kennt, muß man so vorsichtig
sein, als ob man ihn zum erstenmal ginge.

Übung 21

1. Als es Urlaub gab, wollten mein Freund und ich jeden Tag zwei
Stunden Sport treiben.

2. Obwohl es jeden Tag regnete, führten wir unseren Vorsatz
durch.

3. Da wir aber doch Faulpelze sind, drückten wir uns in der zweiten
Woche um unsre selbstgestellte Aufgabe.

4. Wenn wir fleißiger geübt hätten, wären wir nun körperlich fit.

5. Wenn es wieder Urlaub gibt, wollen wir aber bestimmt jeden
Tag zwei Stunden Sport treiben, damit wir uns nicht selbst
Schlappschwänze nennen müssen.

6. Damit wir nicht wieder unseren Vorsätzen untreu werden, wollen wir uns gegenseitig ermahnen.

7. Wenn du vorsichtig bist, darfst du radfahren.

8. Der Bleistift muß gespitzt werden, weil er abgebrochen ist.

9. Der Hund bellt, wenn das Mädchen an ihm vorübergeht.

10. Ich fror, obwohl ich warm angezogen war.

11. Er mußte sich beim Kämmen bücken, weil der Spiegel zu niedrig
hing.

12. Du wehrst die Gefahr nicht ab, wenn du den Kopf in den Sand
steckst.

13. Es gibt eine Sonnenfinsternis, wenn der Mond zwischen Sonne und Erde steht.
14. Wenn die Erde zwischen Sonne und Mond steht, gibt es eine Mondfinsternis.
15. Der Bundeskanzler hat Anspruch auf Durchführung und Verwirklichung der Richtlinien der Politik, auch wenn der Fachminister entgegengesetzter Auffassung ist.

Übung 23

1. Unser Lehrer erklärte uns, wie ein Raumfahrzeug gesteuert wird.
2. Nun weiß ich, warum eine Rakete fliegt.
3. Die Frage, ob im Weltall geistbegabte Wesen leben, hat die Menschheit schon immer beschäftigt.
4. Wir wissen heute noch nicht, wie weit der Mensch in den Weltraum vorstoßen kann.
5. Ob der Mensch unbegrenzte Zeit im Weltall verbringen kann, ist bis jetzt nur annähernd erforscht.
6. Es ist ungewiß, ob wir am Wochenende zu meiner Tante nach München fahren.
7. Bis jetzt ist noch ungeklärt, wie es zu dem Unfall kam.
8. Wir können uns nicht erklären, weshalb unser Wagen plötzlich stehenblieb.
9. Da standen wir und wußten nicht, was wir tun sollten.
10. Wir hatten keine Ahnung, wie wir den Schaden beheben könnten.
11. Jetzt erst entdeckten wir, wozu die Sprechanlagen und die Kilometerangaben an der Autobahn da sind.
12. In der Dunkelheit konnten wir nicht erkennen, wer uns seine Hilfe anbot.
13. Auch nach einer Stunde hatten wir noch nicht gemerkt, mit wem wir es zu tun hatten.
14. Ich kann nicht erklären, weshalb er sich zwei Tage lang draußen herumtrieb.
15. Wir wissen nicht, wann wir die nächste Arbeit schreiben.
16. Es ist fraglich, ob Herr Rick die Miete für den nächsten Monat bezahlen kann.
17. Wir können nur vermuten, weshalb sie in der letzten Zeit so störrisch ist.
18. Wann ich an der Reihe bin, weiß ich nicht.
19. Wir wissen nicht, wer das Fenster einwarf.
20. Ich weiß nicht, weshalb sie auf einmal zu kichern begann.

Übung 24

1. Wir gehen jede Woche zweimal ins Schwimmbad, was uns sehr freut.
2. Er konnte unmöglich verstehen, worüber wir uns unterhielten.
3. Er tobte und schrie, wobei er wie wild um sich schlug.
4. Wer den Diebstahl aufklärte, wußten wir nicht.
5. Der Angeklagte wußte nicht, worauf das Verhör hinauslaufen sollte.
6. Wir konnten uns nicht erklären, wodurch der Kurzschluß ausgelöst wurde.
7. Bis zuletzt wußten wir nicht, wohin die Reise gehen sollte.
8. Ich überlegte lange, womit ich meinem Vater eine Freude machen könne.
9. Sage mir doch, womit ich den Fleck entfernen kann.
10. Alice tat immer das, wozu sie gerade Lust hatte.
11. Henning durchreiste Italien kreuz und quer, wobei er auch die Geschichte des Landes studierte.
12. Wo Werra und Fulda zusammenfließen, entsteht die Weser.
13. Das, woran sie dachten, erreichten sie.
14. Wer den Kern will, muß die Nuß knacken.
15. Was ein Häkchen werden will, krümmt sich beizeiten.

Übung 25

1. „Wir können unseren Arbeitern und Angestellten zwei Tage bezahlten Sonderurlaub geben", sagte der Direktor.
2. „Unsre Firma hat einen guten Ruf", sagte er, „den wollen wir eines zweifelhaften finanziellen Gewinns wegen nicht aufs Spiel setzen."
3. Nachdem er sein Glas erhoben und gerufen hatte: „Prosit!", nahm er einen kräftigen Schluck und reichte es weiter.
4. „Sie sind ein zuverlässiger und gewissenhafter Mitarbeiter", sprach er, „und solche Leute brauchen wir, auf solche Leute sind wir stolz."
5. Jedesmal, wenn er sagt: „Was gehen uns diese Primitiven in Afrika und Asien an!", könnte ich –
6. „Mach dies! Mach das!", das ist die Art, wie er mit seiner Frau umgeht.
7. „Das ist unmöglich!" schrie er.
8. „Haben Sie schon das Neueste gehört?" fragte er mich schmunzelnd.

9. Wenn es auch immer wieder heißt: „Unsere Wirtschaft ist in Ordnung, unser Geld ist stabil, das Wirtschaftsleben blüht, wächst und gedeiht!", so sehe ich doch schwarz für die Zukunft.

10. „Freizeit zur Erholung für Körper und Geist sinnvoll zu gestalten, das ist weit schwieriger, als man zunächst annimmt!", so begann sie ihren Vortrag.

11. „Was unternehmen wir am Wochenende?", so fragte Hans immer wieder.

12. Weil er immer wieder bat: „Laß mich doch an dieser Radtour teilnehmen!", gab ich schließlich nach.

13. „Neben den Beruf", sprach er, „ist heute der Job getreten."

14. „Die Menschen sind gut dran, die Freude an ihrem Beruf haben und außerdem noch Geld verdienen", sagte er.

15. „Im menschlichen Leben muß es Feiertage geben", schrieb die russische Schriftstellerin Alja Rachmanowa, „ohne sie muß der Mensch zugrunde gehen."

Übung 26

1. „Heute abend will ich mir die Sportsendung im Fernsehen ansehen", sagte Paul.

2. „Dieses Buch", sagte Manfred, „habe ich schon zweimal gelesen."

3. Als er immer wieder rief: „Ihr Schweine! Ihr dreckigen Schweine!", nahmen ihn die Polizisten fest.

4. „Mein Rad ging kaputt", beteuerte Franz.

5. Obwohl der Herbergsvater mehrmals Ruhe gebot und unüberhörbar sagte: „Wenn es jetzt keine Ruhe gibt, müßt Ihr morgen abreisen!", tobten und lärmten die Schüler weiter.

6. „Möchten Sie einmal mit mir in meinem neuen Wagen fahren?" fragte meine Arbeitskollegin.

7. „Ich bin schwach! Ich bin krank! Ich kann nicht!", damit versuchte er immer wieder[,] Nachsicht zu gewinnen.

8. „Hoffentlich geht es Ihrer kranken Tochter wieder besser!" sagte unsre Flurnachbarin zu meiner Mutter.

9. Wenn er auch gedroht hatte: „Ich komme nie mehr wieder!", war er doch am übernächsten Tag schon wieder zu Hause.

10. „Das Fernsehen", meint mein Vater, „kann das Theater nie und nimmer ersetzen."

11. „Haben Sie ein Zimmer frei?", das war alles, was er französisch sagen konnte.

12. Obwohl die neue Regierung lautstark verkündet hatte: „Von nun an wird alles besser!", blieb doch alles beim alten.
13. „Der Unfall passierte gerade unter meinem Fenster", berichtete Kerstin.
14. „Warum mußte gerade uns dieses Unglück treffen!", so rief die Frau händeringend immer wieder.
15. „Ich habe den Dieb davonschleichen sehen", behauptete Franz.
16. „Ich bin unschuldig! Glaubt mir doch!", das war alles, was er vor Gericht sagte.

Übung 27
1. Der Fremde sagte: „Ich habe zweimal geklingelt."
2. Erklärend fügte er hinzu: „Ich habe das Klingeln deutlich gehört."
3. „Weil die Wohnungstür nur angelehnt war", fuhr er stockend fort, „ging ich hinein."
4. „Im Flur", sagte er, „habe ich mehrmals gerufen."
5. „Dann bin ich weiter ins Wohnzimmer gegangen", berichtete er.
6. „Von dort kam ich ins Schlafzimmer. Ich wußte ja nicht, in welche Zimmer die einzelnen Türen führen", setzte er fast entschuldigend hinzu.
7. Kaum hörbar fuhr er dann fort: „Im Schlafzimmer habe ich die", hier zögerte er wieder, „Tote gefunden."
8. „Warum sind Sie denn nicht gleich zur Polizei gegangen?" wollte der Kommissar wissen.
9. „Das weiß ich selbst nicht", sagte er, „ich bin nun mal so ein Mensch, der mehr von seinem Gefühl als von seinem Verstand geleitet wird."
10. „Damals war ich sehr aufgewühlt und verwirrt", sagte er weiter.
11. Und erklärend fügte er hinzu: „Ich habe in meiner Jugend ein schweres Erlebnis gehabt, das mich heute noch aufregt, wenn ich etwas Beunruhigendes durchstehen muß."
12. „Was ist das denn gewesen?" fragte der Kommissar. „Erzählen Sie doch mal!"
13. „Das ist schon lange her", erwiderte er ausweichend, „es eignet sich auch nicht zum Erzählen."
14. „Dennoch", meinte der Kommissar, „ist es verwunderlich, daß Sie erst jetzt Verbindung mit der Polizei aufgenommen haben."
15. „Ich bin krank gewesen, habe zwei Wochen meine Wohnung nicht verlassen können und bin von einer Freundin meiner ver-

storbenen Mutter, die ab und zu bei mir mal nach dem Rechten sieht, notdürftig versorgt worden", erklärte er.

16. „Aus diesem Grund", hier stockte er wieder, „und aus einem andern konnte ich nicht zur Polizei gehen."

17. „Was war das für ein anderer Grund?" forschte der Kommissar weiter.

Übung 28

1. Der Fremde sagte, er habe zweimal geklingelt.
2. Erklärend fügte er hinzu, er habe das Klingeln deutlich gehört.
3. Weil die Wohnungstür nur angelehnt gewesen sei, fuhr er stockend fort, sei er hineingegangen.
4. Im Flur, sagte er, habe er mehrmals gerufen.
5. Dann sei er weiter ins Wohnzimmer gegangen, berichtete er.
6. Von dort sei er ins Schlafzimmer gekommen. Er habe ja nicht gewußt, in welche Zimmer die einzelnen Türen führen, setzte er fast entschuldigend hinzu.
7. Kaum hörbar fuhr er dann fort, im Schlafzimmer habe er die, hier zögerte er wieder, Tote gefunden.
8. Warum er denn nicht gleich zur Polizei gegangen sei, wollte der Kommissar wissen.
9. Das wisse er selbst nicht, sagte er, er sei nun mal so ein Mensch, der mehr von seinem Gefühl als von seinem Verstand geleitet werde.
10. Damals aber sei er sehr aufgewühlt und verwirrt gewesen, sagte er weiter.
11. Und erklärend fügte er hinzu, er habe in seiner Jugend ein schweres Erlebnis gehabt, das ihn heute noch aufrege, wenn er etwas Beunruhigendes durchstehen müsse.
12. Was das denn gewesen sei, fragte der Kommissar, er solle doch mal erzählen.
13. Das sei schon lange her, erwiderte er ausweichend, und es eigne sich auch nicht zum Erzählen.
14. Dennoch, meinte der Kommissar, sei es verwunderlich, daß er erst jetzt Verbindung mit der Polizei aufgenommen habe.
15. Er sei krank gewesen, habe zwei Wochen seine Wohnung nicht verlassen können und sei von der Freundin seiner verstorbenen Mutter, die ab und zu mal bei ihm nach dem Rechten sehe, notdürftig versorgt worden, erklärte er.
16. Aus diesem Grund, hier stockte er wieder, und aus einem andern habe er nicht zur Polizei kommen können.

17. Was das für ein anderer Grund gewesen sei, forschte der Kommissar weiter.

Übung 29

1. Sie könnten ihren Arbeitern und Angestellten zwei Tage bezahlten Sonderurlaub geben, sagte der Direktor.
2. Unsre (Ihre) Firma habe einen guten Ruf, sagte er, den wollten wir (sie) eines zweifelhaften finanziellen Gewinns wegen nicht aufs Spiel setzen.
3. –
4. Er (Ich) sei ein zuverlässiger und gewissenhafter Mitarbeiter, sprach er, und solche Leute brauchten sie, auf solche Leute seien sie stolz.
5. Jedesmal, wenn er fragt, was uns diese Primitiven in Afrika und Asien angingen, könnte ich –
6. Sie solle dies machen, sie solle das machen, das ist die Art, wie er mit seiner Frau umgeht.
7. Das sei unmöglich, schrie er.
8. Ob ich schon das Neueste gehört habe, fragte er schmunzelnd.
9. Wenn es auch immer wieder heißt, unsre Wirtschaft sei in Ordnung, unser Geld sei stabil, das Wirtschaftsleben blühe, wachse und gedeihe, so sehe ich doch schwarz für die Zukunft.
10. Freizeit zur Erholung für Körper und Geist sinnvoll zu gestalten, das sei weit schwieriger, als man zunächst annehme, so begann sie ihren Vortrag.
11. Was wir am Wochenende unternähmen, so fragte Hans immer wieder.
12. Weil er immer wieder bat, ich solle ihn an dieser Radtour teilnehmen lassen, gab ich schließlich nach.
13. Neben den Beruf, sprach er, sei heute der Job getreten.
14. Die Menschen seien gut dran, die Freude an ihrem Beruf hätten und außerdem noch viel Geld verdienten, sagte er.
15. Im menschlichen Leben müsse es Feiertage geben, schrieb die russische Schriftstellerin Alja Rachmanowa, ohne sie müsse der Mensch zugrunde gehen.

Wiederholung

1. Der Fall ist klar, 2.8 wir können unsre Beschlüsse fassen.
2. Mein Bruder war ehrgeizig und zum Teil skrupellos, 2.4 ja.
3. Räum bitte das Büro auf, 2.8 und deck die Schreibmaschine zu.
4. Halb aus Wut, 2.2 halb aus Vertraulichkeit schlug die Löwin nach ihrem Bändiger (Thomas Mann).

Übung 30

1. Stellen Sie bitte fest, wieviel Fett dem „Normalverbraucher" am Ende des Krieges zugeteilt wurde, wieviel Brot er bekam, wieviel Fleisch bzw. Wurst er essen durfte, wieviel Kartoffeln ihm zustanden und was sonst alles rationiert bzw. nicht rationiert war.

2. Kontoauszüge zeigen an, was an Geld eingegangen ist, was abgebucht wurde und wieviel sich auf dem Konto befindet.

3. Meine Arbeit soll genaue Angaben darüber enthalten, wieviel Frauen in den Landesparlamenten und im Bundestag tätig sind, wieviel Frauen ein Ministeramt innehaben, wieviel Frauen höhere Regierungsbeamtinnen sind, wieviel Direktorinnen es an öffentlichen Schulen und in der freien Wirtschaft gibt und wieviel Frauen als Juristinnen, Ärztinnen und Pfarrerinnen tätig sind.

4. In der Prüfung wurde gefragt, wie hoch der Mont Blanc ist, wo die größten Meerestiefen gemessen wurden, wieviel Grad das Thermometer am Nordpol anzeigt und wo man den tropischen Regenwald findet.

5. Wir können uns heute kaum noch vorstellen, wie zu Beginn der Industrialisierung Arbeiterinnen und Arbeiter ausgebeutet wurden, in welch erbärmlichen Wohnungen sie hausten, wie sie sich abrackerten und plagten und daß sie dennoch nicht das Nötigste zum Essen und Anziehen hatten.

6. Nur wenige von uns denken daran, daß auch heute noch viele, viele Menschen in bitterster Armut und Not leben, wieviel Geld bei uns von öffentlicher Hand ebenso wie von privater verschleudert wird und wieviel Essen bei uns verkommt.

7. Schon wenn man ihn sieht, vermutet man, daß er bescheiden lebt, daß er viel Sport treibt, daß er ein sehr nachdenklicher Mensch ist und daß er weder Zeit noch Geld verschwendet.

8. Man hat ihm jetzt eine Arbeit zugewiesen, die besser bezahlt wird, die seiner Ausbildung mehr entspricht, bei der er sich zwischendurch auch mal eine Verschnaufpause gönnen kann und bei der er keine Nachtschicht mehr zu machen braucht.

9. Er teilte mir mit, wann er in Urlaub fährt, auf welchem Campingplatz bzw. in welchem Hotel er wohnen wird, wie lange er an jedem Platz bleibt und wann er voraussichtlich heimreist.

10. Von unserem Abgeordneten weiß ich, wo das neue Schwimmbad gebaut wird, wann voraussichtlich mit dem Bau begonnen wird, wie groß es wird und was es kosten soll.

11. Der Bibliothekar sagte mir, wann das Buch erschienen ist, wel-

cher Verlag es herausbrachte, welche Buchhandlung es wahrscheinlich vorrätig hat und was es kostet.
12. Der Mann fragte das Kind, warum es weine, wohin es so spät noch gehe und ob er ihm helfen könne.
13. Armin ahnt nicht, was ihm seine Mutter zum Geburtstag schenken wird, wie sorgfältig sie die Geburtstagsfeier vorbereitet hat und welche besondere Überraschung sein Vater für ihn bereithält.
14. Sein Vater schenkt ihm nämlich ein Modellflugzeug, das einem Jumbo-Jet nachgebildet ist, das durch Fernsteuerung gelenkt wird und das nach meiner Schätzung bis zu zehn Meter hoch steigt.

Übung 31

1. Der Fahrlehrer teilte mir mit, daß ich die Prüfung bestanden habe, daß ich unter den Besten bin und daß ich meinen Führerschein noch heute bekomme.
2. Die Fernsehsendung „Abenteuer im Regenbogenland", die unterhaltsam war, die in Kanada spielte, durch die wir auch das Land kennenlernten, wurde abgesetzt.
3. Herbert Retop, der als Privatdetektiv der Polizei manches Verbrechen hat aufklären helfen, der mehrere Kriminalromane und auch ein Drehbuch zu einem Kriminalfilm schrieb, spielt in dem neuen Fernsehkrimi die Rolle des Verbrechers.
4. Mein Kleid, das leuchtend helle Farben hat, das nach der neuesten Mode und aus gutem Stoff gearbeitet ist, habe ich in einer Boutique in München gekauft.
5. Monika kaufte sich ein Kleid, das sie schlank macht, dessen Farbe zu ihrem Teint paßt und das modern geschnitten ist.
6. Erst heute früh erfuhr ich, daß der von mir gewählte Schlagerstar auf Platz eins der Hitparade kam, daß ich zu den Siegern des Preisausschreibens gehöre und daß ich den Schlagerstar besuchen darf.
7. Der Koch bereitete ein Essen, das lecker aussah, das schmackhaft war und das wenig Kalorien hatte.
8. Ich ahnte, daß du mir nicht glaubst und daß du es im geheimen mit meinen Widersachern hältst.
9. Keiner von uns weiß, was unsre neue Arbeitskollegin für ein Mensch ist, was sie gerne tut, warum sie stets allein ist.
10. Thomas überlegte, ob er den weißen Läufer zurücknehmen oder

mit der Dame Schach bieten solle, wie der Gegner reagieren werde und ob er seinen Turm opfern werde.

11. Die Polizisten wollten wissen, was er bei dem Unfall beobachtet habe, ob noch mehr Beobachter zugegen waren, warum er sich nicht gleich als Zeuge gemeldet habe.

12. Der Kranke sagte, daß er müde sei, daß er Fieber habe, daß er Schmerzen leide und daß er schlafen wolle.

13. Karin riß von zu Hause aus, weil ihre Eltern sie nicht verstanden, weil sie oft und ihrer Meinung nach zu hart und ungerecht bestraft wurde und weil sie das freie Leben liebt.

14. Bedenken wir, wenn wir einen Krimi sehen, daß so schnell und so zielstrebig die wenigsten Verbrechen aufgeklärt werden, daß mehr Teamarbeit geleistet wird, als man auf der Mattscheibe wahrnimmt, und daß Chemiker und Mediziner mit Hilfe modernster Geräte und Instrumente mehr und wichtigere Aufklärungsarbeit leisten, als man beim Fernsehkrimi zu sehen bekommt.

Übung 32

1. Es gibt Leute, die meinen, daß sie alles selbst tun müßten, weil nach ihrer Meinung nur das richtig getan ist, was sie selbst getan haben.

2. Die Arbeiter gaben dem Wissenschaftler die Knochen, die sie bei Erdarbeiten gefunden hatten, als sie hörten, wozu er sie haben wollte.

3. In vielen Städten gibt es Museen, wo man Tiere und Dinge sehen kann, die es heute nicht mehr gibt.

4. Unser Auto blieb plötzlich stehen, weil wir vergessen hatten, daß wir schon am Vortag hatten tanken wollen.

5. Es mag sein, daß es in unserem Weltall Planeten gibt, auf denen Menschen wohnen, die wir aber nicht erreichen können, weil der Weg zu ihnen zu weit ist.

6. Wir erfuhren jetzt, daß Karl Maisen ein Mitarbeiter des Polizistenteams war, das die beiden Mordfälle klärte, die an der Kiesgrube verübt wurden.

7. Eva fährt nach Paris, weil sie ihre französischen Sprachkenntnisse erweitern und festigen will, die sie sich sowohl in der Schule als auch durch eigenes Studium erwarb.

8. Ich gehe ins Kino, weil ein Film läuft, der in der Zeit der Französischen Revolution spielt, über die ich vor kurzem ein Buch gelesen habe.

9. Unser Lehrer meinte, daß wir bei schlechtem Wetter ins Museum gehen sollten, wo wir sehr viel sehen könnten, was wir im normalen Unterricht nicht zu sehen bekämen.
10. Mit seinem Geschwätz langweilte der Frisör den Kunden, der eine Frage stellen wollte, die er schon lange auf der Zunge hatte.
11. Als Fritz seine Tasche öffnete, merkte er, daß er seinen Zirkel vergessen hatte, den er in der Geometriestunde brauchte.
12. Meine Mutter kocht diese Woche alle Gerichte, die sie in einem Volkshochschulkurs kennenlernte, der von einem Meisterkoch geleitet wurde.
13. Wir kaufen unser Brot bei dem Bäcker an der Ecke, der so gutes Backwerk hat, daß auch Leute, die in weit entfernten Stadtteilen wohnen, bei ihm Kunden sind.
14. Die Jungvögel streckten der Mutter die Hälse entgegen, als sie mit Würmern, die sie im Schnabel hatte, das Nest erreichte.

Übung 33
1. Triffst du mich nicht zu Hause an, bin ich auf dem Sportplatz oder in der Schule.
2. Hört mein Banknachbar etwas von einer Klassenarbeit, ist es mit seiner Ruhe vorbei.
3. Hätte ich geschwiegen, wäre der Streit vermieden worden.
4. Verbreitest du weiterhin solche Lügen, zeige ich dich an.
5. Regnet es morgen, bleiben wir zu Hause.
6. Kräht der Hahn auf dem Mist, ändert sich das Wetter, oder es bleibt, wie es ist.
7. Scheint Lichtmeßtag die Sonne klar, gibt's Spätfrost und kein gutes Jahr.
8. Ende gut, alles gut.
9. Januar weiß, Sommer heiß.
10. Freut mich, dies gerade von dir zu hören.

Wiederholung
1. Du kannst nun beruhigt auf meinen Vorschlag eingehen, 2.9 da es sich herausgestellt hat, 2.10 daß wir beide Vorteile davon haben.
2. Die Nacht war stockfinster, 2.8 und die Käuze schrien zum Erbarmen.
3. Mein Nebenmann flüsterte mir zu, 2.9 der Redner sei ein bekannter Schriftsteller.
4. Es sah aus, 2.9 als ob Fledermäuse durchs Zimmer huschten.

5. Sag gleich, $^{2.9}$ was du vorhast.
6. Putze deine Schuhe, $^{2.8}$ und ziehe neue Schnürsenkel ein!
7. Das Eichhörnchen setzt sich auf die Hinterbeine, $^{2.9}$ wobei es sich mit dem Schwanz abstützt.
8. Lilian, $^{2.3}$ du kannst dir gar nicht vorstellen, wie schön es ist, wenn man vom Flugzeug aus auf die Welt herabsieht.
9. „Endlich erblickte ich mein Pferd", $^{2.9}$ erzählte Münchhausen, „hoch über mir an der Kirchturmspitze." $^{8.1}$
10. Er lief auf allen vieren, $^{2.9}$ wobei er grunzende Laute ausstieß.

Übung 34

1. Schon im Altertum haben es die Menschen gewagt, aufs offene Meer hinauszufahren.
2. Und seit alters hat der Mensch versucht, Herr des Meeres zu werden und es für sich zu nützen.
3. So gelingt es ihm auch immer wieder, Land aus dem Meer zu gewinnen.
4. Buhnenanlagen im Wattenmeer tragen dazu bei, möglichst viel Schlick und Schlamm festzuhalten.
5. Der Queller ist als erste Pflanze imstande, in dem salzreichen Schlammboden zu wachsen.
6. Er hilft mit, den angespülten Schlick zu halten und landfest zu machen.
7. Eines Tages ist es nötig, das angeschwemmte Land durch einen Deich zu schützen.
8. Doch kostet es den Marschbewohner noch viel mühsame Arbeit, das neue Land bebaubar zu machen.
9. Die langwierige Aufgabe, das Salz aus dem Boden zu schwemmen, bleibt dem Regen überlassen.
10. Erst nach vielen Jahren kann der Marschbauer daran denken, auf dem neugewonnenen Land gutes Futter für seine schwarzweiß gefleckten Kühe anzupflanzen.
11. Der Mensch darf stolz darauf sein, und er darf sich darüber freuen, durch friedliche Arbeit ein Stück Land gewonnen zu haben.
12. Doch das Meer läßt sich so leicht nicht bändigen und versucht immer wieder, des Menschen Werk zu zerstören und ihn selbst zu verschlingen.
13. Schwere Stürme, Maschinenschäden, gestrandete Schiffe, Unachtsamkeit und Leichtsinn bringen Seefahrer, Feriengäste und Wassersportler immer wieder in die Notlage, den Seenotrettungsdienst um Hilfe bitten zu müssen.

14. In ihm haben sich tapfere Männer freiwillig verpflichtet, den in Seenot geratenen Menschen zu helfen.
15. Auch die stürmischste und wütendste See kann diese Männer nicht schrecken, gefährdeten Menschen beizustehen.
16. Sie wagen ihr eigenes Leben und verwenden ihre geistige und körperliche Kraft dazu, das Leben anderer zu bewahren und zu retten.
17. In einer von Eigennutz beherrschten Welt streben sie danach, dem Menschen ein Mitmensch zu sein.
18. Jährlich gelingt es ihnen, Hunderte aus Seenot zu retten.
19. Solche Männer sind es vor vielen anderen wert, von uns geachtet und geehrt zu werden.
20. Durch eine Spende können wir mithelfen, das Seenotrettungswerk zu erhalten und zu fördern.

Übung 35

1. Wir gaben es auf, den chinesischen Namen aussprechen zu wollen.
2. Die Polizei war gezwungen, den Verkehr umzuleiten.
3. Die Polizei brauchte den Verkehr nicht umzuleiten.
4. Herr W. ist nicht bereit, seinem Sohn ein Moped zu kaufen.
5. Die Mutter ließ es sich nicht nehmen, ihren schwerkranken Sohn täglich zu besuchen.
6. Wir rieten der jungen Frau, einen Kochkurs zu besuchen.
7. Unser Sohn scheint das Auto gewaschen und gewachst zu haben.
8. Geologen sind beauftragt, den Grundwasserstand unseres Gebiets festzustellen.
9. Es ist vorteilhaft, mit „Rabba" zu reisen.
10. Der Randalierer weigerte sich zunächst, Angaben über seine Person zu machen.
11. Familie Schulz pflegt jedes Wochenende eine Wanderung zu machen.
12. Der Außenminister beauftragte den Botschafter, mit der Regierung in X zu verhandeln.
13. Wir freuen uns, Sie in unserer Gaststätte begrüßen zu dürfen.
14. Zusammen mit unsrem Personal sind wir bemüht, Ihnen das Beste aus Küche und Keller zu bieten.
15. Wir sind bestrebt, Sie gut zu bewirten und Ihnen ein paar frohe, gemütliche Stunden zu ermöglichen.

Übung 36

1. Vergiß nicht zu antworten.
2. Wir treffen uns einmal wöchentlich, um zu diskutieren.
3. Der Mensch ißt, um zu leben, aber er lebt nicht, um zu essen.
4. Um fit zu bleiben, treiben wir jeden Tag eine halbe Stunde Sport.
5. Seine Angst zu versagen war groß.
6. Er lief weg, ohne zu frühstücken.
7. Ohne zu grüßen, verließ er die Gesellschaft.
8. Der reife Mensch erträgt sein Schicksal, ohne zu klagen, nicht aber, ohne zu fragen.
9. Am meisten freute uns ihre Bereitschaft zu helfen.
10. Anstatt zu schweigen, erzählte sie alles, was er ihr anvertraut hatte.
11. Bei Streitereien sollte man ruhig bleiben und lächeln, anstatt zu toben.
12. Anstatt zu wirtschaften, gibt Frau H. ihr Geld gedankenlos aus.
13. Verlerne nie, dich zu freuen!
14. Wir müssen Menschen und Verhältnissen Zeit lassen, sich zu entwickeln.
15. Er muß Gelegenheit bekommen, sich auszusprechen.

Übung 37

1. Sie haben nach dem Vortrag Gelegenheit, zu fragen und zu diskutieren.
2. Die Kartoffeln sind zu waschen und zu schälen.
3. Ich hatte sehr wohl die Absicht, zu kommen und zu helfen.
4. G.s Absicht, zu zahlen und zu schweigen, wurde durchkreuzt.
5. Das Fahrrad ist zu putzen und zu ölen.
6. Ihm ist es nicht gegeben, zu schweigen und zuzuhören.
7. D. konnte nicht umhin, zu schwatzen und ihr Geheimnis preiszugeben.
8. Mein Vater verstand beides, zu arbeiten und zu feiern.
9. Bei Familienfeiern pflegen wir zu singen und zu tanzen.
10. Die Gabe, zu verstehen und zu verzeihen, ist ihm nicht gegeben.
11. Mönchen und Nonnen wird geboten, zu beten und zu arbeiten.
12. Der Clown brachte es fertig, zu tanzen und mit drei Bällen zu jonglieren.
13. Klara nahm sich ernsthaft vor, zu reisen und zu studieren.
14. Für meinen Freund Kurt war es immer eine große Freude, zu musizieren und seine Schwester auf dem Klavier zu begleiten.

Wiederholung

1. Ich dachte darüber nach, [2.9] was der Redner gesagt hatte, [2.8] denn ich fühlte, [2.9] daß es nicht stimmte.
2. Mein Physiklehrer, [2.9] von dem ich lernte, [2.10] wie eine Rakete funktioniert, ist Professor geworden.
3. Obwohl sich Hanna und Friedrich nicht ähnlich sehen, [2.9] merkt man, [2.9] daß sie Geschwister sind.
4. Vielen Dank, [2.3] Herr Minister, für Ihre Auskunft.
5. Der Fernseher lief, [2.8] aber niemand sah hin.
6. Er pfiff [2.8] und er sang.
7. „Im Urlaub legt man keinen Wert darauf", [2.9] sagte er, „Mitarbeitern zu begegnen." [8.1]
8. Achim, [2.9] der die Mathematikstunde schwänzen wollte, konnte im ganzen Schulhaus keinen Ort finden, [2.9] wo er sich verstecken konnte.
9. Die Männer gingen zum Ortsausgang, [2.9] wo sie eine Tankstelle vermuteten.
10. Der Junge drückte sich vor der halbgeöffneten Tür herum, [2.9] als ob er sich scheue hineinzugehen.
11. Schüler wissen selten, [2.9] warum sie lernen sollen.
12. Warum gab er das Spiel auf, [2.9] das so eindeutig zu seinen Gunsten stand?

Übung 38

1. Unsere Bundesrepublik Deutschland, älter als Weimarer Republik und nationalsozialistisches Reich zusammen, ist heute ein geachteter Staat.
2. Der Bote betrat, in seiner Linken die gewünschte Akte, das Büro des Chefs.
3. Fritz, immer wachen Sinnes, bemerkte als erster das Feuer.
4. Von mehreren Zeugen erkannt, mußte der Angeklagte seine Schuld eingestehen.
5. Das Gewehr im Anschlag, wartete der Jäger auf den Rehbock.
6. Seiner Sinne nicht mächtig, lag der Verletzte noch eine Stunde am Straßenrand.
7. Ich versuchte, den Text immer wieder lesend, eine verständliche Zusammenfassung zu geben.
8. Sie kamen, leise über den Diebstahl redend, die Treppe herunter.
9. Die Tür öffnete sich nur einen Spalt breit, von einer schweren Sicherheitskette gehalten.

10. Von den ersten Strahlen der aufgehenden Sonne getroffen, erstrahlte der schneebedeckte Berg wie ein riesiger Kristall.
11. Eine Staubwolke hinter sich herziehend, fuhr der Traktor den Feldweg entlang dem Walde zu.
12. Den dick verbundenen angeschossenen Arm in der Schlinge, kam der Polizist als Zeuge in den Gerichtssaal.
13. Der Vorsitzende erhob seine starke Stimme, den Redeschwall im Saal laut übertönend.
14. Ein junger Mann, die Pfeife zwischen den Zähnen, ging barfuß die Prachtstraße entlang.
15. Aus dem Radio erklangen, von einer schmalzigen Frauenstimme gesungen, die neuesten Hits.

Übung 39

1. Unheil verkündend waren am Himmel schwere Wolken aufgezogen.
2. Die Sonne verfinsternd und eine beklemmende Dämmerung verbreitend, hatten sie sich zu dicken Haufen geballt.
3. Das Leben des Dorfes, sonst heiter und fröhlich, war wie gelähmt.
4. Männer, sonst jeden Tag fleißig bei ihrer Arbeit, ließen nun alles stehn und liegen und gingen auf die Straße.
5. Mütter, ihre kleinen Kinder an der Hand oder auf dem Arm, standen beieinander.
6. Bald fegte der Sturm übers Land, Bäume entwurzelnd oder brechend, Felder verwüstend und Häuser abdeckend.
7. Doch wilder als der Sturm war die Flut, die nun, vom Himmel stürzend und von den Bergen strömend, das Dorf überfiel.
8. Von den Fluten und dem Sturm unbarmherzig gepeitscht, brachen Pfeiler und Pfähle und Mauern.
9. Weinend und vor Angst zitternd, klammerten sich die Kinder an ihre Mütter.
10. Vor den wildflutenden und ständig steigenden Wassern fliehend, eilten die Menschen, in der einen Hand ein paar Habseligkeiten, an der anderen ein Kind, zur Kapelle auf dem Berg.
11. Die Fluten aber, schneller als die letzten, ergriffen manchen und verschlangen ihn.
12. Bis auf die Haut durchnäßt und zu Tode erschöpft, kamen die andern oben an.
13. Von dort sahen sie bange und zagend auf ihr Dorf zurück.

14. Von Hunger und Kälte, Durst und Angst geplagt, verbrachten sie in und neben der Kapelle die Nacht.
15. Wie von dem Licht des neuen Tages erschreckt, gingen die Fluten am andern Tag zurück, ein verwüstetes Dorf zurücklassend.
16. In das Dorf zurückgekehrt, begruben die Menschen ihre Toten.
17. Dann bauten sie ihre Häuser neu und lebten, auf eine gute Zukunft hoffend, wie zuvor.

Übung 40

1. Er kehrte nicht mehr in das Gefängnis zurück, sondern brauste, sein Ehrenwort brechend, mit dem Wagen der Anstalt davon.
2. Die Gewalt über den Wagen verlierend, fuhr er zwei Menschen um.
3. Die Polizei, von einem PKW-Fahrer herbeigerufen, nahm den wilden Fahrer fest.
4. Den Sprung nicht sofort wagend, lief er ein paarmal am Ufer auf und ab.
5. Oben angekommen, fand ich den Saal leer.
6. Das Messer zwischen den Zähnen, durchschwamm er den Fluß.
7. Den Einbrecher im Auge behaltend, ging Herr M. zum Telefon und rief die Polizei.
8. Laute Schreie ausstoßend, flogen die Vögel davon.
9. Von Reue gepackt, gab er das gestohlene Geld zurück.
10. Plötzlich reich geworden, änderte er seine Ansichten und seine Lebensgewohnheiten.
11. Die Nase nach oben gereckt und zu den Sternen schauend, stolperte er und fiel hin.
12. Der Frühling, schon an Frische verlierend, ging allmählich über in die Verheißung des Sommers.

Übung 41

1. Einen Blinden über die Straße zu führen, das ist selbstverständlich.
2. Hilflose Tiere zu quälen, so etwas ist menschenunwürdig.
3. Brot zu haben, das ist keine Selbstverständlichkeit.
4. Viel zu wissen, das ist gut und nützlich.
5. Höflich und ehrlich zu sein, das ist eine feine Lebenskunst.
6. Eine Zündkerze auszuwechseln, so etwas ist für mich kein Problem.
7. Im Forellenteich zu baden, das ist verboten.

8. Uns bei dieser Hitze in der Schule zu halten, das geht doch über die Hutschnur.
9. Zu helfen und zu raten, das war nicht möglich.
10. Stillzusitzen und zu lernen, das ist ihm nicht gegeben.
11. Die Argumente anderer anzuhören und zu durchdenken, das fällt ihm sehr schwer.
12. Eine Fremdsprache in einem Jahr in Wort und Schrift zu lernen, das dürfte nur wenigen möglich sein.

Übung 42
1. Diesen Brief, schon vor einer Woche sollte ich ihn einwerfen.
2. Zwei Straßen weiter, da geht es zum Bahnhof.
3. Vor unserer Schule, da wurde der Hund überfahren.
4. Der Spieler mit der Nummer 9, er hat das Tor geschossen.
5. Euer Torwart, diesen Ball hätte er halten müssen.
6. Diese Schuhe hier, sie sind die schönsten im ganzen Geschäft.
7. Die feine Goldkette dort, sie ist bestimmt Handarbeit.
8. Zu Hause, da ist es doch am schönsten.
9. Zu reisen, darauf hatte sie sich gefreut.
10. Sein Gepäck zu versichern, daran hatte Fritz nicht gedacht.
11. Ich werde ihm Ordnung beibringen, dem Schlamper.
12. Was hat er da nur wieder angestellt, unser schlitzohriger Dackel?
13. Dieses Betragen, es paßt nicht zu dir!
14. Der Versicherung einen Brief zu schreiben und sich für das Versäumnis zu entschuldigen, daran hat wohl keiner von euch gedacht.
15. Diese Schreihälse, sie können doch nicht fünf Minuten ruhig sein.

Übung 43
1. NN soll ein Referat halten über: „Die Türkei, ein Bindeglied zwischen Europa und Asien".
2. Die Türkei, ein Land mit Fruchtgärten und Ödländern, gehört zum Orient.
3. Die alte Türkei, der brüchig gewordene Vielvölkerstaat des Osmanischen Reiches, war durch den ersten Weltkrieg zerschlagen worden.
4. Nur Thrakien, eine armselige Gegend, blieb auf europäischem Boden von dem großen Osmanischen Reich übrig.
5. Mustafa Kemal Atatürk, der Vater der modernen Türkei, schuf den neuen türkischen Staat, die Türkische Republik.

6. Konstantinopel, die Hauptstadt des Osmanischen Reiches, wurde in Istanbul umgetauft.
7. Die neue Hauptstadt, Ankara, liegt in der Mitte Anatoliens, im Bauernland.
8. Istanbul liegt am Goldenen Horn, einer Seitenbucht des Bosporus.
9. Istanbul, eine der schönsten Städte der Welt, hat viele kunstvolle Moscheen und Paläste.
10. Seine ehemalige Hauptmoschee, die stolze Hagia Sophia, heute Museum, war einst als christliche Sophienkirche gebaut worden.
11. Heute erhebt sich über ihr der Halbmond, das Wahrzeichen der Türkei und des Islam.
12. Das Serail, der prächtigste weltliche Bau der Stadt, ist der ehemalige Palast der türkischen Sultane.

Übung 44

1. Die Alpen, das mächtigste Gebirge unseres Erdteils, erstrecken sich über 1200 Kilometer.
2. Wir verbrachten unseren Urlaub am Fuße des Mont Blanc, des höchsten Bergs der Alpen.
3. In Mainz, der „Goldenen Stadt am Rhein", feiert man alljährlich fröhlich Fastnacht.
4. In Hamburg, „Deutschlands Tor zur Welt", werden die ankommenden und auslaufenden Schiffe mit Flaggensignalen und Musik begrüßt.
5. Wiesbaden, Hessens Landeshauptstadt, soll für seine Stadtsanierung und seine städteplanerischen Maßnahmen einen Preis erhalten haben.
6. Der Turm des Ulmer Münsters, das Wahrzeichen der Stadt, gehört zu den höchsten Bauwerken Deutschlands.
7. Wir besuchten Heidelberg, die einstmals vielbesungene[,] romantische Stadt.
8. Die Kaffeehäuser Wiens, der Stadt mit Herz und Charme, sind nahezu weltberühmt.
9. Berlin, die Hauptstadt des ehemaligen Deutschen Reichs, könnte einmal zum Zankapfel zwischen der Bundesrepublik Deutschland und der DDR werden.
10. Die „Romantische Straße", eine von vielen gern gefahrene Touristenstraße, beginnt in Würzburg und endet in Füssen.
11. In der Herrgottskirche in Creglingen besichtigten wir den Marienaltar, das schönste Werk Tilmann Riemenschneiders.

12. Viele Gedichte Joseph von Eichendorffs, eines Dichters der Romantik, sind zu Volksliedern geworden.
13. Hedwig zeichnete die Porta Nigra in Trier, dieses Wahrzeichen einstiger römischer Herrschaft in Deutschland.
14. Der Hündin Laika, dem ersten lebenden Wesen im Weltraum, wurde ein Denkmal gesetzt.
15. Rehen, Hasen, Wildschweinen und Vögeln, den Bewohnern unserer Wälder, bringt der Förster bei hohem Schnee Futter.
16. Herrn M. und Frau N., den Rettern des Kindes, wurde die Rettungsmedaille verliehen.
17. Herrn K., dem [für das Unglück] Verantwortlichen, wurde gekündigt.
18. Sie wählten Herrn NN, einen humorvollen, geistsprühenden Mann, zum Vorsitzenden.

Übung 45
1. Holger, mein Neffe, und ich bastelten einen Drachen.
2. Robert, mein Neffe und ich wanderten durch den Odenwald.
3. Morno, der Fernsehreporter, und der Intendant besuchten den Presseball.
4. Herr Unverricht, unser zweiter Direktor und ein Betriebswirt nahmen an den Lohnverhandlungen teil.
5. Friedrich, unser Kassenwart, und ich wurden in den Ausschuß gewählt.
6. Herr Becker, unser Bürgermeister und ein Stadtrat vertraten die Gemeinde.
7. Frau Stich, unsere Nachbarin, und meine Tante gehören dem „Klub der lustigen Frauen" an.
8. Herr Flath, ein Lehrer unserer Schule, und Herr Kien geben Unterricht in Erster Hilfe.
9. Fritz Seem, der Leiter unseres Jugendseminars und fünf Jugendliche besuchten unsere Patenstadt in Frankreich.
10. Herr Ries, mein Onkel und elf weitere Angestellte ihrer Firma besuchten den Bad Dürkheimer Wurstmarkt.

Wiederholung
1. Die Regierung sollte stets bereit sein, [2.12] die Kritik der Opposition ernst zu nehmen.
2. Ich wußte,[2.9] daß Ulla nicht viel Geld hatte und gezwungen war, [2.12] ihre Ausgaben genau zu berechnen.

3. Mit diesem Projekt betreten wir Neuland, [2.8] und niemand kann voraussagen, [2.9] wohin es uns führen wird.

4. Die Behauptung des Tacitus, [2.9.7] die Germanen hätten keine Tempel gehabt, ist ein tendenziöses Märchen.

5. Der Geheimdienst beobachtete monatelang den Spion, [2.12] ohne zuzufassen.

6. Maultiere und Maulesel, [2.15] Kreuzungen aus Pferd und Esel, nimmt der Mensch des Mittelmeerraums in seine Dienste.

7. Vor der Küste Norwegens liegen die Schären, [2.15] kleine rundliche Inseln.

Übung 46

1. Ärzte sind immer zu erreichen, auch um Mitternacht.

2. Heinrich sammelt alle alten Dinge, besonders alte Uhren.

3. Cornelia hat einige sehr schöne Bilder, vor allem Aquarelle, gemalt.

4. Im Wasser fühlen wir uns wohl, vor allem an heißen Tagen.

5. Im Sommer geht unsre ganze Familie ins Schwimmbad, sogar Oma.

6. Udo besuchte vergangene Woche seinen Onkel, und zwar am Donnerstag.

7. Ansteckende Krankheiten, z.B. Scharlach und Diphtherie, müssen der Gesundheitsbehörde gemeldet werden.

8. Er aß gerne Kartoffeln, besonders Bratkartoffeln.

9. Das ist ein nahrhaftes, wenn auch einfaches Essen.

10. Alle machen sich Vorwürfe, namentlich der Vorsitzende.

11. Das ist doch ein dummer, wenn auch selbstsicherer und redegewandter Kerl.

12. Wir sind mit unserer Arbeit fertig, d.h., wir müssen sie noch auf Tippfehler durchsehen.

Übung 47

1. Zur Protestversammlung kamen viele junge Leute, vornehmlich Studenten.

2. Wir werden alle von der Werbung manipuliert, d.h. beeinflußt.

3. Er bevorzugt frisches Obst und Gemüse, vor allem eben erst geerntetes.

4. Albert liebt klassische Musik, vor allem die von Johann Sebastian Bach.

5. Beate geht gern spazieren, vor allem im Regen. (. . ., nicht aber im Regen.)

6. Hans-Peter ißt gern Torte, am liebsten Kirschtorte.
7. Im letzten Sommer ernteten wir viel Obst, besonders Erdbeeren. (..., aber keine Erdbeeren.)
8. Die Welt kann schön sein, auch an grauen Tagen.
9. Man kann sein Aussehen stark verändern, und zwar durch Perücken, Brillen, falsche Bärte.
10. Mein Onkel kaufte ein neues Auto, und zwar einen gelben Opel.
11. Sein einflußreicher, besonders als Geschäftsmann angesehener Vater verschaffte ihm eine Lehrstelle.
12. Man kann viel erreichen, und zwar durch ständige Arbeit.
13. Silvia ist bei Klassenarbeiten immer aufgeregt, besonders bei Mathematikarbeiten.
14. Vorige Woche schrieb die Klasse 8a zwei Klassenarbeiten, und zwar ein Diktat und eine Englischarbeit.
15. Ich bin abends immer zu Hause, bestimmt aber zwischen 6 und 8 Uhr. (..., außer zwischen 6 und 8 Uhr.)

Übung 48

1. Bei meinen Freunden, den lustigen, bin ich immer gern.
2. Der Zeisig, der liederliche, hat schon wieder etwas liegen lassen.
3. Die Diebin, die fixe, stahl ihm den Pelz unterm Hintern weg.
4. Schmarotzer, erbärmlicher!
5. Unser Theater, modern und vorbildlich, hat einen neuen Intendanten bekommen.
6. Der Bursche, abgebrüht und skrupellos, stahl den Schülern das Geld aus der Tasche.
7. Die Tapeten, lichtecht und abwaschbar, sind preiswert.
8. Seine Vorurteile, festgewurzelt und unausrottbar, machen jede Diskussion mit ihm unmöglich.
9. Dieser Kerl, gefräßig und dumm, ist zu nichts zu gebrauchen.
10. Frau NN, schamlos und unverfroren, deckt die Frechheiten und Lügen ihres Sohnes.
11. Gehen Sie doch zu Schulze senior!
12. Schenk ein den Wein, den holden ...

Wiederholung

1. Herrn Ohmert gelang es kaum, [2.12] seine Betroffenheit zu verbergen.
2. Sein Gesicht wurde aschfahl, [2.8] und seine Hände verkrampften sich.
3. Klein Egon saß auf dem Zahnarztstuhl, [2.12] ohne sich zu rühren.
4. Er ließ den Zahnarzt bohren, [2.12] ohne zu schreien.

5. Der Artist blieb, [2.13.2] ein Bein waagrecht vorgestreckt, minutenlang auf dem schwankenden Trapez stehen.
6. Die Dinosaurier, [2.15] riesengroße Tiere, lebten und starben aus,
bevor es Menschen gab.

Übung 49
1. Der Lehrer sagt, der Rektor sei für zwei Tage beurlaubt.
(Der Lehrer spricht.)
Der Lehrer, sagt der Rektor, sei für zwei Tage beurlaubt.
(Der Rektor spricht.)
2. Der Gläubiger meint, der Schuldner habe keinen allzu guten
Charakter.
(Der Gläubiger meint etwas.)
Der Gläubiger, meint der Schuldner, habe keinen allzu guten
Charakter.
(Der Schuldner meint etwas.)
3. Vater schickte uns das Buch, nicht aber das Geld.
(Er schickte das Buch, aber das Geld nicht.)
Vater schickte uns das Buch nicht, aber das Geld.
(Das Buch wurde nicht geschickt, wohl aber das Geld.)
4. Er versprach, jeden Tag zu schreiben.
(Jeden Tag wollte er schreiben.)
Er versprach jeden Tag, zu schreiben.
(Er hat es jeden Tag versprochen.)
5. Sie gelobte, ihm treu zu sein.
(Sie gelobte, daß sie ihm treu sein wolle.)
Sie gelobte ihm, treu zu sein.
(Sie gelobte ihm.)
6. Claudia gestand, der Mutter bei der Arbeit nicht geholfen zu ha-
ben.
(Claudia gestand irgendwem, daß sie . . .)
Claudia gestand der Mutter, bei der Arbeit nicht geholfen zu ha-
ben.
(Ihrer Mutter gestand sie, daß sie bei der Arbeit nicht geholfen
hatte.)
7. Es war nicht taktvoll, von ihm zu reden.
(Allgemeines Urteil: Es war nicht taktvoll.)
Es war nicht taktvoll von ihm, zu reden.
(Er verhielt sich nicht taktvoll.)
8. Er beschloß, heute seine Zelte in X abzubrechen.
(Heute will er seine Zelte in X abbrechen.)

Er beschloß heute, seine Zelte in X abzubrechen.
(Heute faßte er den Entschluß.)
9. Karl versprach, ihr zuzuhören.
(Karl hat es irgendjemandem versprochen.)
Karl versprach ihr, zuzuhören.
(Karl hat es ihr versprochen.)
10. Sie erhielten den Brief, nicht aber das Paket.
(Der Brief kam an, das Paket nicht.)
Sie erhielten den Brief nicht, aber das Paket.
(Das Paket kam an, nicht aber der Brief.)

Wiederholung
1. Unser Haus stand am Fluß,[2.16] genau neben der Brücke.
2. Das Mädchen freute sich,[2.9] weil ihr Vater ihr einen Luftballon gekauft hatte.
3. Der Himmel,[2.16.2] finster und gewitterschwül, hing wie Blei über uns.
4. Wußten Sie schon,[2.9] daß der Zitronenfalter ein Mann ist,[2.10.2] der Zitronen faltet?
5. Beim Landklima sind die Sommer heiß und die Winter kalt.[2.8.2]
6. Er sprach so leise,[2.9] daß man Mühe hatte,[2.12] ihn zu verstehen.
7. Paul stieg,[2.13.2] die beiden Koffer in seinen schwachen Händen, die Treppe hinauf.
8. Der Junge,[2.16.2] blaß und kränklich, sollte zur Erholung auf die Insel Sylt.
9. Herr Segreb hat die Gründe für seinen Rücktritt angegeben,[2.4] schriftlich sogar.
10. Dieses Buch,[2.3] liebe Edith, schenke ich dir!

Übung 51
1. Du darfst nicht auf deine vermeintlich guten Freunde hören; die Leute haben im Grunde gar kein Interesse an dir.
2. Fritz war während der letzten Wochen krank; er konnte daher die Arbeit nicht mitschreiben.
3. Im Dienst ist unser Chef streng, ja geradezu pedantisch; in Gesellschaft aber läßt er sich gehen und betrinkt sich.
4. Wir beruhigten Bärbel, deren Luftballon davongeflogen war; sie sollte einen neuen bekommen.
5. Nicht alle konnten zu dem Fest gehen; es mußten auch einige als Feuerwache und zur Betreuung der Alten, Kranken und Kleinkinder zu Hause bleiben.

6. Auf der niederen Brückenmauer saß ein Mann und schlief; neben ihm saß ein kleiner Hund, der ihn bewachte.
7. Am Fuße des Berges dehnte sich ein weiter Wiesengrund; hier floß ein breiter Bach . . . zwischen Erlen und Weiden dahin.
8. Herr Gruber war ein feiner, gebildeter Mensch; als Vorgesetzter jedoch hat er versagt.
9. Verkappte Gliedsätze haben kein Einleitewort; sie können nur durch Erfragen erkannt werden.

Übung 52

1. Maria hatte sich vorgenommen, jeden Tag eine Stunde Französisch zu lernen; aber nach einem halben Jahr wußte sie nur wenig Wörter mehr als zuvor.
2. Herr Schulze kaufte sich kein Los, weil er noch nie etwas gewonnen hatte; doch hätte er gewußt, daß ein Haus zu gewinnen war, hätte er diesmal eins gekauft.
3. Frau Meyer geht arbeiten, weil es ihrer Familie am Nötigsten fehlt; Herr Meyer aber verlebt seine Tage zu Hause und im Wald, weil ihm jede geregelte Arbeit zuwider ist.
4. Die Kinder verwahrlosten, weil sich niemand um sie kümmerte; als sie aber von der Schule schlechte Noten mit nach Hause brachten, gaben die Eltern den Lehrern die Schuld.
5. Herr B. ist stets bemüht, die neueste Fachliteratur zu lesen; unterhält man sich aber mit ihm, merkt man bald, daß er nur mit Schlagworten um sich wirft, aber nicht viel weiß.
6. Sie waren schon lange gewandert, ohne in ein Dorf zu kommen oder einem Menschen zu begegnen; es war schon spät, und sie hatten Hunger.
7. Nachdem wir uns begrüßt und die aufregendsten Reiseerlebnisse erzählt hatten, aßen wir gut zu Abend; dann setzten wir uns auf den Balkon, rauchten, tranken Wein und erzählten, bis das Städtchen ruhig geworden war und die Uhren Mitternacht schlugen.
8. „Also so ein Luder", sagte Herr Graf, fest mit dem Fuß auf die Erde stampfend; aber er wollte durchaus nicht sagen, weshalb er so schlecht auf seine Schwester zu sprechen war.
9. Der Lärm der Stadt, das Hupen, Rauschen und Brausen, betäubte ihn, und die wechselnden Lichter blendeten ihn; so war er ganz verwirrt, als er endlich vor seinem Hotel ankam.
10. Weil sich der arme Kerl nicht mehr zu helfen wußte, wandte er sich an die Behörde; aber da wurde er von einem Zimmer zum

anderen geschickt, bis er erkannte, daß er auch hier keine Hilfe zu erwarten hatte.

11. Mein verehrter Vater verstand wenig vom Studieren; weil er sein ganzes Leben mehr mit der Hand als mit dem Kopf gearbeitet hatte, so dachte er, man brauche nur ein Buch in die Hand zu nehmen und es zu lesen wie eine Tageszeitung und schon sei man ein gelehrter Herr.

12. Obwohl wir unser Auto erst in der letzten Woche zur Inspektion in der Werkstatt hatten, ließ sich heute schon wieder ein schnarrendes Geräusch im Motor hören; wir müssen das Auto deshalb sofort wieder in die Werkstatt bringen, damit uns die Reparatur nicht nochmals berechnet werden kann.

Übung 53

1. In unserem Garten pflanzen wir Weißkohl, Rotkohl, Blumenkohl; Himbeeren, Stachelbeeren und Johannisbeeren; Karotten, rote Rüben und Schwarzwurzeln.

2. In unserem Wald wachsen Eichen, Buchen und Birken; Lärchen, Kiefern, Tannen, Fichten; Brombeeren, Heidelbeeren und Preiselbeeren.

3. Im Warenhaus findet man Unterwäsche, Kleider, Hüte und Schuhe; Möbel, Teppiche, Lampen; Filme, Photoapparate und Filmkameras; Bücher, Briefpapier, Schreib- und Zeichengerät; Seife, Lippenstifte, Maniküresets und Parfüm; Rauchwaren und Schmuck.

4. In der Schule lernten wir Englisch, Französisch und eine dritte Fremdsprache, die wir wählen konnten; Mathematik, Physik und Chemie; Geschichte, Erdkunde und Sozialkunde; Musik, Zeichnen und Werken; Stenografie und Maschinenschreiben.

Übung 54

1. Mutter fragte: „Haben wir alles?"

2. Vorige Seite: unsre Fußballmannschaft.

3. Für den Sammler ist immer wieder wichtig: Wo und wie erhalte ich neue Objekte?

4. Nach dreistündiger harter Wanderung erreichten wir unser Ziel: ein Felsvorsprung, von dem aus man weit ins Rheintal hinein sehen kann.

5. Zahlwörter sind nötig, „wenn ein Hauptwort über die Einzahl oder Mehrzahl hinaus zahlenmäßig näher bestimmt werden soll: null Grad, ein Haus, zwei Bücher, zehn Jahre, hundert Mark."

6. Unsre Reiseroute liegt längst fest: Von Mainz aus fahren wir

nach Köln, von da über Aachen nach Brüssel und dann weiter an die belgische Nordseeküste.

7. Nur auf eins hat es dieser Mensch abgesehen: die Arbeitskollegen gegeneinander aufzuwiegeln und dabei sein Schäfchen ins trockene zu bringen.

8. Seine Unfähigkeit zeigt sich deutlich in folgenden Situationen: Werden seine Anordnungen kritisiert, nimmt er die Kritik persönlich und reagiert gereizt statt ruhig und sachlich; seine Mitarbeiter informiert er entweder überhaupt nicht oder falsch.

9. Die 16 Mitglieder des 1949 gegründeten Deutschen Gewerkschaftsbundes sind: Industriegewerkschaft Metall, Industriegewerkschaft Druck und Papier, . . .

10. Der DGB formulierte 1965 u.a. folgende Forderungen: Zahlung eines 13. Monatsgehalts, Einführung des 10. Schuljahres, Verabschiedung eines Berufsbildungsgesetzes, . . .

11. 1972 wurde im neuen Aktionsprogramm des DGB u.a. gefordert: kürzere Arbeitszeit, längerer Urlaub, höhere Löhne und Gehälter, . . .

12. Der Grundsatz einer jeden Regierungstätigkeit muß lauten: Salus populi suprema lex esto (das Wohl des Volkes sei oberstes Gesetz).

Übung 56

1. Durchzieht ein Gebirge Ihr Land?
2. Gibt es außer diesem noch ein andres Gebirge in Ihrem Land?
3. Wo verläuft dieses?
4. Haben Sie auch einen großen Fluß?
5. Haben Sie viel Industrie?
6. Was bauen Ihre Bauern an?
7. Bauen Sie etwas Besonderes an?
8. Was geschieht mit den Rosen?/Wie werden die Rosen verwendet?
9. Wieviel Kilogramm Rosenblätter braucht man, um einen Liter Rosenöl zu gewinnen?
10. In welcher Gegend werden die Rosen angebaut?
11. Gibt es sonst noch eine Besonderheit Ihres Landes?/Ist von Ihrem Land sonst noch etwas Besonderes bekannt?
12. Kann man in Ihrem Land auch einen Badeurlaub verbringen?
13. Kenne ich nun alle wichtigen Merkmale Ihres Landes, um es zu erraten?
14. Wissen Sie, nach welchem Land wir fragten?

Übung 57
1. Wollen wir, daß unser Trinkwasser rationiert wird?
2. Können wir das gutheißen?
3. Ließen die Fahrten in den Weltraum die Bäume der Menschen in den Himmel wachsen?
4. Wollen wir, daß es unseren Kindern schlechter geht als uns?
5. Will sie länger im Krankenhaus bleiben, als nötig ist?
6. Wer verzichtet gern auf Urlaub?
7. Sollen wir auf jede Annehmlichkeit verzichten?

Übung 58
1. Sie sind Weinkenner?
2. Hans hat die Fensterscheibe eingeworfen?
3. Rechtsanwalt Morla verteidigt den Angeklagten Mohls?
4. Sie hat das wirklich von mir gesagt?
5. Frau K. hat das Buch über Ägypten geschrieben?
6. X ist der Kanzlerkanditat der Opposition?
7. Sie kennen den Minister persönlich?

Übung 59
1. Wie?
2. Warum nicht?
3. wobei?/Im Lotto?
4. Bei wem?
5. Wen?/Wann?
6. Wieviel?
7. Wo?
8. Ob er's glaubt?
9. Wohin?
10. Tatsächlich?
11. Warum?/Weiß man wohin?
12. Seit wann?
13. Mit oder ohne Menthol?
14. Super oder Normal?

Übung 60
S. Du, Vati, darf ich dich was fragen?
V. Stör mich nicht.
S. Warum darf ich dich denn nicht stören?
V. Weil ich Zeitung lese.
S. Warum darf ich dich denn beim Zeitunglesen nicht stören?

V. Weil ich nicht gestört sein will.

Sei jetzt ruhig!

S. Du, Vati, was machst du denn, wenn das Telefon läutet?

V. Ich gehe hin und hebe ab.

S. Auch wenn du Zeitung liest?

V. Ja, auch wenn ich Zeitung lese.

S. Aber warum darf dich denn das Telefon beim Zeitunglesen stören?

V. Es könnte ein wichtiger Anruf sein.

S. Aber meine Frage könnte auch wichtig sein.

V. Kaum.

S. Das kannst du aber nicht wissen. Vielleicht ist sie auch nur für mich wichtig.

V. Mag sein.

S. Und was machst du, wenn es an der Haustür läutet?

V. Ich gehe hin und sehe nach, wer da ist.

S. Auch wenn du Zeitung liest?

V. Ja, mein Sohn, auch wenn ich Zeitung lese.

S. Du läßt dich von einem Klingeln an der Haustür stören, du läßt dich vom Telefon stören, nur ich darf dich nicht stören. Ich möchte wissen, warum das so ist.

V. Vielleicht laß ich mich auch nicht stören, vielleicht bitte ich Mutti, ans Telefon oder an die Haustür zu gehn.

S. Und wenn Mutti nicht gestört werden will?

V. Sei jetzt still!

S. Das verstehe ich nicht. In der Schule heißt es: „Fragt! Fragt! Unsre Schule ist deswegen so verkehrt, weil der Lehrer fragt. Die Schüler müßten fragen!" Nun frage ich, heißt es: „Sei still!" Warum darf ich nicht fragen?

V. Weil du mir mit deinen Fragen auf die Nerven gehst!

S. Vorhin hast du gesagt, du willst beim Zeitungslesen nicht gestört sein. Was stimmt jetzt?

V. Laß mich jetzt endlich meine Zeitung lesen!

S. Du, Vati!

V. Sei still!

S. Schade!

V. Warum ist das schade? Das ist gar nicht schade!

S. Ich hätte dich so gern etwas gefragt.

V. Also, mein Sohn, was willst du wissen?

S. Vati, warum dürfen Erwachsene Kinder beim Spielen stören?

V. Tun sie das?

S. Immer!

V. Immer?

S. Na, sehr oft.

V. Siehst du, daß du mal wieder unrecht hast?
   So, und was willst du noch fragen?

S. Mutti läßt fragen, ob du zum Essen kommen willst.

V. Ja, gewiß.

S. Aber du willst doch Zeitung lesen.

V. Jetzt nicht mehr.

S. Essen, Telefon, Zeitung, Klingeln an der Tür, sie alle sind wichtiger als meine Fragen.
   Warum ist das nur so?

Übung 61

FL: Legen Sie den Gurt an!

FS: Was nun?

FL: Lassen Sie den Motor an!
    Fahren Sie los!

FS: Aber ich weiß gar nicht, wie das geht.

FL: Kuppeln Sie, und legen Sie den ersten Gang ein!
    Lassen Sie die Kupplung langsam kommen, und geben Sie Gas.

FS: Warum fährt der Wagen denn nicht?

FL: Denken Sie mal nach!

FS: Ich weiß es nicht.

FL: Sie haben die Handbremse nicht gelöst.
    So, jetzt dasselbe nochmal!

FS: Der Motor läuft schon wieder nicht mehr. Was hab ich denn jetzt falsch gemacht?

FL: Sie haben den Motor abgewürgt.

FS: Und wie das?

FL: Sie haben die Kupplung zu schnell kommen lassen.
    Also nochmal!

FS: Wunderbar, wir fahren!

FL: Sehen Sie im Außenspiegel die linke Fahrbahn?
    Können Sie im Rückspiegel den Verkehr hinter sich beobachten?
    Schalten Sie in den nächsthöheren Gang!

FS: Ich krieg' den Gang nicht rein.

FL: Sie müssen kuppeln!

FS: Warum kracht es immer, wenn ich schalte?

FL: Sie treten die Kupplung nicht durch.
     Halt!
FS: Warum muß ich denn halten?
FL: Sehen Sie denn nicht das Stoppschild?
FS: Was soll ich denn nun machen?
FL: Ziehen Sie den Wagen ganz langsam vor./!
FS: Wie weit?
FL: Bis Sie die Straße nach links und rechts einsehen können.
FS: Wenn sie frei ist, kann ich dann losfahren?
FL: Nein! Bei einem Stoppschild müssen Sie den Wagen auf jeden
     Fall zum Stehen bringen!
     Fahren Sie los!
     Schon wieder abgewürgt!
     Lassen Sie mich das mal hier an der Kreuzung machen.
     Lenken Sie!
FS: Habe ich hier Vorfahrt?
FL: Hier gilt rechts vor links!
     Biegen Sie links ab!
     Sie müssen blinken!
FS: Wo ist der Schalter für den Blinker?
FL: Passen Sie doch auf! Sie müssen den Gegenverkehr
     vorbeilassen!
FS: Warum hupt denn da ständig einer hinter uns?
FL: Weil Sie den Verkehr blockieren.
     Fahren Sie auf dem kürzesten Weg zur Fahrschule zurück!

Übung 62
 1. Hoffentlich gibt es hitzefrei!
 2. Wäre ich nur schon 18 Jahre alt!
 3. Man müßte nochmal 20 sein!
 4. Hoffentlich komme ich gut über die Gletscherspalte!
 5. Hoffentlich gelingen mir meine Aufnahmen!
 6. Hätte ich nur meinen Mantel mitgenommen!
 7. Hoffentlich werde ich nicht erwischt!
 8. Wäre ich nur zu Hause!
 9. Hoffentlich bekomme ich von meinen Eltern ein Moped!
     Bekäme ich doch von meinen Eltern ein Moped!
10. Hoffentlich bestehe ich die Prüfung!
     Hätte ich die Prüfung nur schon bestanden!
     (Wäre die Prüfung nur schon bestanden!)

11. Hoffentlich gewinnen wir die nächste Wahl!
Hätten wir die nächste Wahl nur schon gewonnen!
Wäre die nächste Wahl nur schon gewonnen!

Übung 64
Karl: Hoffentlich bekommen wir nächsten Monat schönes Wetter!
Gerd: Warum wünschst du dir gerade für den nächsten Monat schönes Wetter?
K: Wir wollen verreisen.
G: Wohin soll es denn gehen?
K: Wir fahren nach München.
G: Das ist ja prima!
Besuch dort aber nicht nur das Hofbräuhaus, sondern auch das Deutsche Museum!
Das Deutsche Museum muß man gesehen haben!
K: Ja, das will ich. Ich habe mir schon eine Reihe Fragen aufgeschrieben.
G: Was willst du denn alles wissen?
K: Bedrohen Umweltverschmutzung und Schädlingsbekämpfung auch unsere Schmetterlinge?
Sind die Röntgenstrahlen nach Wilhelm Conrad Röntgen (1845−1923) benannt?
Ist der deutsche Uhrmacher Heinrich Goebel oder der Amerikaner Edison der Erfinder der Glühbirne?
Wer hat das Tonband erfunden?
Außerdem möchte ich gerne wissen, weshalb die Tage von Ende Juli bis Ende August „Hundstage" heißen.
G: Das kann ich dir sagen.
Während der sogenanntnen Hundstage, also von Ende Juli bis Ende August, steht die Sonne im Zeichen des Hundssterns, der auch Sirius heißt. Deshalb heißen diese Tage „Hundstage".
K: Vielen Dank für die Auskunft!
Verreist Ihr auch?
G: Ja, wir wollen in Luxemburg Freunde besuchen.
K: Weißt du, was der Name „Luxemburg" bedeutet?
G: Ja, Luxemburg bedeutet Lützelburg, das ist „kleine Burg".
K: Was du nicht alles weißt!
G: Danke! Glückliche Reise!
K: Frohe Fahrt!
G und
K: Frohes Wiedersehen!

Übung 65

1. Härte dich ab! Härten Sie sich ab! Härtet euch ab!
2. Treibe/Treiben Sie/Treibt in der Woche mindestens zweimal Sport!
3. Schlafe/Schlafen Sie/Schlaft regelmäßig und ausreichend!
4. Iß/Essen Sie/Eßt wenig, aber regelmäßig!
5. Spare/Sparen Sie/Spart an Alkohol und Nikotin!
6. Gehe mehr, als du Auto fährst!
   Gehen Sie mehr, als Sie Auto fahren!
   Geht mehr, als ihr Auto fahrt!
7. Bewege dich/Bewegen Sie sich/Bewegt euch täglich mindestens eine Stunde in frischer Luft!
8. Vergiß einmal am Tag alle deine Sorgen!
   Vergessen Sie einmal am Tag alle Ihre Sorgen!
   Vergeßt einmal am Tag alle eure Sorgen!
9. Spann wenigstens einmal in der Woche aus, und suche die Stille!
   Spannen Sie wenigstens einmal in der Woche aus, und suchen Sie die Stille!
   Spannt wenigstens einmal in der Woche aus, und sucht die Stille!
10. Sieh dir/Sehen Sie sich/Seht euch die Natur mit offenen Augen an!
11. Nimm/Nehmen Sie/Nehmt Rücksicht auf andere!
12. Nimm und gib!
    Nehmen Sie und geben Sie!
    Nehmt und gebt!

Übung 66

„Ich will die Schuhe mit der Ziernaht." – „Ich meine, wir sollten diese Schuhe hier kaufen." – „Die gefallen mir nicht." – „Die passen aber zu deinem Anzug." – „Ich finde sie ausgesprochen doof." – „Aber sie sind preiswert." – „Die sind aus dem vorigen Jahrhundert." – „Hier werden keine altmodischen Schuhe verkauft." – „Die Schuhe drücken hinten, die scheuern mich wund." – „Das läßt sich mit ein paar Hammerschlägen beheben." – „Die Schuhe zerquetschen mir den kleinen Zeh." – „Wir lassen sie über einen Leisten spannen und dehnen." – „In diesen Schuhen verderbe ich mir meine Füße. Daran seid ihr schuld!" – „Welche Schuhe passen dir denn besser?" – „Die mit der Ziernaht."

Übung 67

1. Wasser – marsch!
2. Wasser – halt!
3. Schlauchtrupp – vor!
4. Greift – an!
5. Hebt – auf!

Übung 68

1. Herr Müller – ein Mann, auf den man sich verlassen kann.
2. Helle Möbel – helle Freude.
3. Hopfen und Malz – Gott erhalt's.
4. Steuererhöhung – wir werden uns mit dem Gedanken vertraut machen müssen.
5. Wasserversorgung von Großstädten und Industrien – ein schwer lösbares Problem.
6. Müll – ein Rohstoff von morgen.
7. Gewiß kann Freiheit mißbraucht werden – wie wäre sie sonst Freiheit!

Übung 69

1. In unserer Bundesrepublik Deutschland haben – im Gegensatz zur Weimarer Republik – die kleinen Parteien keine Chancen, ins Parlament zu kommen.
2. Allein – ohne Mitwirkung des Bundespräsidenten – kann der Bundeskanzler aus dem Kreis der Minister seinen Stellvertreter bestellen.
3. Der Fiskus braucht fremdes Kapital, mit dem er die verschiedensten Vorhaben – Straßen, Schulen, Krankenhäuser und vieles andre mehr – finanziert.
4. Die modernen Industriegesellschaften – das gilt für die Gesellschaft des Westens ebenso wie für die des Ostens – stehen kaum lösbaren Problemen gegenüber.
5. In diesem Jahr hat unser Betrieb – anders als in früheren Jahren – erhebliche Verluste erlitten.
6. Solange der Aktienbesitzer seine Papiere nicht verkauft, stehen Kursverluste – wie umgekehrt Kursgewinne – nur auf dem Papier.
7. Entsprechend dem Grundsatz „Ein Betrieb – eine Gewerkschaft" werden Arbeiter, Angestellte und – falls vorhanden – Beamte aus einem Bereich in einer Gewerkschaft zusammengefaßt.

8. Der Junge wurde — entgegen dem erklärten Willen seiner Eltern — Tänzer und Schauspieler.

9. Der Dichter — Sohn eines Pfarrers — ist auch in seinem neuesten Werk Anwalt der Verführten und Bedrohten.

10. Die Bilder zeigen — allerdings in schwarzweißer Wiedergabe — die Hauptwerke des Künstlers.

Übung 70

1. Die Menschen erfanden das Geld — es waren die Lyder in Kleinasien im 7. Jahrhundert vor Christi —, um anstelle des Tauschhandels Kaufhandel betreiben zu können.

2. Das Gesetz sagt — den Grund dafür kenne ich nicht —, daß niemand mehr als zwanzig Mark in Markmünzen und mehr als fünf Mark in Pfennigen anzunehmen braucht.

3. Wer im Arbeitsleben steht — und das sind bei uns doch wohl die meisten 20- bis 60jährigen —, sorgt mit seiner Sozialabgabe für den Lebensunterhalt der im Ruhestand Lebenden.

4. Die Krankenkassen sind heutzutage gesetzlich verpflichtet — die Sozialgesetzgebung wurde im Laufe der Zeit immer besser —, bei längerer Krankheit Krankenkosten und Verdienstausfall zu bezahlen.

5. Ich verurteile nicht die kleinen, sinnvollen Andenken, ich spreche von jenem Kitsch — Hände als Blumenvasen, der Bundeskanzler als Salzstreuer, der Präsident als Zierde eines Thermometers usw. —, der den Geschmack vieler Menschen verdirbt und ihnen obendrein das Geld aus der Tasche zieht.

6. Leonardo da Vinci dachte an Maschinen — beispielsweise an eine Flugmaschine —, die erst von späteren Generationen verwirklicht wurden.

7. Er prophezeit — und er wird recht behalten —, daß bei der nächsten Wahl die Opposition Regierungspartei wird.

8. Sie meinen — es ist zwischen den Zeilen Ihres Briefes deutlich zu lesen —, daß ich mich mehr um die Sache hätte kümmern müssen.

9. Bitte doch jemand anderen — zum Beispiel deinen Bruder —, hier einmal nach dem Rechten zu sehen.

10. In meiner Nachbarschaft wohnt eine Frau — ich kenne sie nur vom Ansehen —, die immer nach der neuesten Mode gekleidet ist.

11. Peter ging auch am Samstag auf den Sportplatz — er war jeden

Tag der Woche dort gewesen −, um zum letztenmal vor dem Wettkampf zu trainieren.

12. Der Inhaber des oben genannten Sparbuchs, Herr Fritz Meier − mein Onkel −, hat mir das Sparbuch geschenkt.

Übung 71

1. Der effektive Wert einer Aktie − der Preis also, den man beim Kauf bezahlt oder beim Verkauf erhält − ist der Kurswert.

2. Immobilien − jeder weiß, daß sie in Zeiten fortschreitender Geldentwertung an Wert gewinnen − sind heutzutage wieder sehr gefragt.

3. Leonardo da Vinci (15.4.1452−2.5.1519) − man darf mit Recht sagen, daß er zu den größten Geistern des Abendlandes zählt − war seiner Zeit weit voraus.

4. X wurde bestraft − er erhielt zwei Jahre Gefängnis, die er bis zum letzten Tag absaß − und hat damit seine Schuld gebüßt.

5. Mein Nachbar − er ist ein Mensch, der sich ständig bewegen muß − hämmert, feilt und bohrt den ganzen Tag.

6. Ein kleines Büchlein mit einer handgeschriebenen Geschichte und einem selbstgemalten Bild − er erhielt es von einer geliebten Frau, bevor sie in die Fremde ging − ist ihm ein teurer Besitz.

7. Für das Geld, das sie von ihrer verstorbenen Tante erbte − es war nicht allzu viel, wie du dir denken kannst − machte sie eine Reise nach Israel.

8. Hans war − anders als seine Schwester, die ein zurückhaltendes, fast scheues Mädchen ist − sehr vorlaut.

9. O. unternahm − wenn man von ein paar Tagesausflügen absieht, die er mit Berufskollegen machte − keine Reisen.

10. Ich brauchte meinen Wagen − von ein paar Inspektionen abgesehen, die von Zeit zu Zeit fällig sind − in keine Werkstatt zu geben.

11. Das alles war mir − ich bitte Sie, mir das zu glauben − nicht recht.

12. Sie haben − obwohl Ihnen mehrmals mündlich und schriftlich mitgeteilt wurde, daß dies verboten ist − Ihren Wagen doch wieder auf der Straße gewaschen.

Übung 72

1. Wütend schrie er − man sah ihm an, daß er am liebsten zugeschlagen hätte −: „Was fällt Ihnen ein!"

2. Bärbel fragte immer wieder − sie konnte den Tag nicht erwarten −: „Wann fahren wir endlich ans Meer?"

3. Das Besondere an unserer Küchenmaschine − das ist neu und sollte Sie zum Kauf bewegen −: Sie arbeitet wie Waschmaschine und Spülmaschine automatisch.

4. Nur auf eins hat es dieser Kerl abgesehen − und seltsamerweise kommt er immer wieder damit durch −: sich Vorteile zu verschaffen, indem er die Leichtgläubigkeit und Gutmütigkeit seiner Mitmenschen ausnutzt.

5. Heute morgen gestand sie mir − sie war über und über rot und konnte mir nicht in die Augen sehen −: „Ich habe dich betrogen."

6. Traurig sagte mir meine Freundin − sie brachte die Worte kaum über die Lippen −: „Ich muß dich verlassen, wir wandern nach Amerika aus."

7. Er schrie sie an − aus seinen Augen sprühten Zorn und Haß −: „Laß mich doch endlich in Ruhe mit deiner ewigen Besserwisserei!"

8. Wenn Sie gesund sind und das nötige Training haben, wenn Sie Kälte und gelegentlich auch Hunger ertragen können, wenn Sie eine ausreichende Ausrüstung besitzen − all diese Bedingungen müssen Sie unbedingt erfüllen −: dann können Sie an unserer Expedition ins Nordpolargebiet teilnehmen.

9. Mich interessiert vor allem eins − aber darüber wurde trotz meiner wiederholten Anfragen niemals gesprochen −: Wie soll die Verwirklichung all dieser hochtrabenden Pläne finanziert werden?

10. Der Grundsatz jeder Regierungs- und Verwaltungstätigkeit sollte lauten − und jeder Bürger sollte seine Regierung und seine Verwaltung daran messen −: Salus populi suprema lex esto (das Wohl des Volkes sei oberstes Gesetz)!

Übung 73

1. Unbrauchbar gewordene Geldscheine − wer weiß schon, daß die verbrauchten Geldscheine eines Jahres etwa 425 Tonnen wiegen?/! − werden von der Bundesbank aussortiert und verbrannt.

2. Wir fahren doch − hast du das denn vergessen? − am Samstag nach Buxtehude.

3. Herr Friedrich − er hat beide juristische Examen mit Auszeichnung bestanden! − hat sich für den diplomatischen Dienst beworben.

4. Peter Michel – denkst du auch noch manchmal an ihn? – ist jetzt schon zehn Jahre in Australien.
5. Man horcht auf diese faszinierende Stimme eines – wer wollte das leugnen? – bedeutenden Mannes.
6. Ich war – bitte entschuldigen Sie mich! – aus familiären Gründen außerstande zu kommen.
7. Ich bin überzeugt – und ich werde meine Meinung auch weiterhin trotz heftigen Widerstandes vertreten! –, daß nur der von der Opposition gemachte Vorschlag zum Erfolg führt.
8. Dein neues Auto – wieviel hast du eigentlich dafür bezahlt? – ist flott und paßt zu dir.
9. Eine besondere Spielart des Weihnachtsbaumes – oder gar sein Vorläufer? – ist die Weihnachtspyramide.
10. Ich spreche nicht von den gemeinen Verbrechern – was gehn mich die an! – ich spreche von ihren unschuldigen Opfern.

Übung 74

1. Mein Vater sagte immer: „Solln gedeihen Korn und Wein, muß im Juni Wärme sein."
2. „Als ich heute mittag ins Schwimmbad kam", erzählte Thomas, „bemerkte ich sogleich eine große Menschenansammlung auf der Liegewiese."
3. „Du bist ja eine langweilige Person", dachte der junge Regierungsrat, laut aber sagte er: „Sie waren eine charmante Gastgeberin, ich danke Ihnen."
4. Rudolf erzählte folgende Gespenstergeschichte: „Ich stand neulich abends vor dem Spiegel und . . . verschwand."
5. Ludwig dachte: „Der kann ja lügen wie gedruckt."
6. „Das war Richard nicht, das weiß ich bestimmt", log ich.
7. „Wir waren mit den Booten bis ans Ende des Sees gerudert", erzählte Bert, „als es plötzlich blitzte. Gleich darauf donnerte es . . ."
8. „Es täte mir leid", sagte mein Chef besorgt, „wenn Sie Unannehmlichkeiten bekämen."
9. „Aber ja doch", sagte er fest, aber ich fühlte, daß er log, „ich weiß es bestimmt."
10. „Das kriegen wir schon hin", sagte er mit einer Stimme, die fest klingen sollte, die aber seine Unsicherheit und seine Unruhe eher kundtat als verbarg, „das werden wir in einer Woche hinter uns haben."

11. „Tu das nicht", riet Oliver, „es wäre schrecklich, wenn du erwischt würdest."
12. „Vielen Dank, Mr. X, das genügt vorläufig", sagte der Kommissar und verabschiedete sich.
13. „So viel Seltsames und Abenteuerliches erleben nur die wenigsten Menschen", sagte Frau Schneider; im stillen aber dachte sie: „So ein Aufschneider."
14. „Ja", sagte er, „ich blieb", wieder machte er eine Pause, „eines schönen Mädchens wegen so lange in den Staaten."
15. „Geben Sie mir ein Nachtlager", bat er, „ich bin heute 35 Kilometer gewandert, ich kann keinen Schritt mehr tun."

Übung 75

1. Sie müssen deshalb „eine neue Einstellung zum Essen und Trinken finden."
2. Falsches Essen macht auf die Dauer krank, und „außerdem ist das viele Essen eine Sünde wider die Schönheit."
3. Man muß darauf achten, „daß Eiweiß, Fett und Kohlenhydrate in einem gesunden Verhältnis zueinander stehen."
4. Mit Plankton bezeichnet man „die allerkleinsten, nur mit dem Mikroskop feststellbaren tierischen und pflanzlichen Schwebeteilchen (griech.: das Schwebende)."
5. Deshalb „horchen denn auch in den Vereinigten Staaten, Rußland und Kanada schon ‚elektrische Ohren' den Weltraum nach Signalen anderer Kulturen ab."
6. In unserer von Gefahren, ja Katastrophen bedrohten Welt müssen wir „es wieder lernen, mit dem Risiko zu leben, und glauben, daß mit der Gefahr auch die Kraft wächst."
7. So wurden die Besucher einer Ausstellung gebeten, „auf Stühle zu klettern, die nicht für sie ... Schwierigkeiten machte ..."
8. ... war der Slogan „Hast du heute schon dein Kind gelobt?", der auch als Autoaufkleber vertrieben wurde.

Übung 76

1. Schillers „Maria Stuart" eröffnete die Spielzeit.
2. Hauptmanns Komödie „Der Biberpelz" wurde neu inszeniert.
3. In einer Verfilmung von Zuckmayers „Hauptmann von Köpenick" spielt Heinz Rühmann die Hauptrolle.
4. „Die Blechtrommel" von Günter Grass wurde ...
5. „Westermanns Monatshefte" sind schon seit Jahrzehnten ...
6. Der „Kosmos" informiert in allgemeinverständlicher Sprache ...

7. Haben Sie auch das „Spektrum der Wissenschaft" abonniert?
8. Beim Wettbewerb „Unser Dorf soll schöner werden" errang ...
9. Unser bekannter und beliebter Gesangverein „Bruderkranz-Lie-
   derkette" errang unter seinem ...

Übung 77

1. „tüchtiger Marschierer" / „tüchtiger"
2. „guter Hund" / „guter"
3. „fleißige Schüler" / „fleißiger"
4. „vorzügliches Essen" / „vorzügliches"
5. „lieben Brief" / „lieben"
6. „beherrscht Englisch perfekt" / „perfekt"
7. „Naturlandschaft"
8. „Tierfreund"
9. „von Erziehung versteht"

Übung 78

1. Gisela berichtete: „In unsrer Theater-AG spielten wir Tschechows ‚Bankjubiläum'."
2. Zitternd erzählte Fritz: „Als ich das Schwimmbad betrat, kam
   Gerd aufgeregt auf mich zu und fragte: ‚Hast du schon von dem
   Unglück gehört?'."
3. Onkel Hans sagte schmunzelnd: „In diesem Jahr habe ich in meinem Urlaub eine Reise ins Reich des Geistes gemacht. Nach mehr
   als dreißig Jahren las ich mal wieder Goethes ‚Wilhelm Meister'
   und Kellers ‚Grünen Heinrich'."
4. Etwas schüchtern fragte sie: „Darf ich Sie zu Kleists ‚Käthchen
   von Heilbronn' einladen?"
5. Blasiert fragte er mich: „Kennen Sie ‚Cosi fan tutte'?"
6. Snobistisch prahlte er: „Wer weiß schon, daß der Text von ‚My
   fair Lady' auf Bernard Shaws ‚Pygmalion' zurückgeht?"
7. Karin erzählte mir: „Mein Schwager ist doch ein widerlicher Kerl.
   Als er meine Schwester heiratete, sagte er zu ihr: ‚Du brauchst
   nicht zu denken, du brauchst nur zu machen, was ich sage'; und
   genau so behandelte er sie. Als sie nach Jahren − Ergebnis seines
   Verhaltens! − ein hilfloses Geschöpf war, sagte er: ‚Du mußt
   selbständiger werden!' "

Übung 79

1. „Warum hast du mir das nicht erzählt?" fragte sie ihn.
2. Er fragte in gebrochenem Deutsch: „Wer nimmt mich bis Düsseldorf mit?"

3. „Geh nicht weg!" flehte sie.
4. „Warum warst du letzte Woche nicht in der Schule?" fragte der Klassenlehrer.
5. Mit weinerlicher Stimme bat er: „Bitte geben Sie mir eine Chance!"
6. „Verlassen Sie sofort meine Wohnung!" schrie er.
7. „Dämpfe deine Stimme", murmelte er, „es könnten dich Leute hören, die dich nicht zu hören brauchen!"
8. Jeden Tag ruft die alte Dame an und fragt: „Wann besuchen Sie mich einmal?"
9. „Das darfst du mir nicht antun!" flehte er.
10. Steht nicht in Goethes Faust: „Ist das des Pudels Kern?"?
11. Sag doch schlicht und einfach: „Herzlichen Glückwunsch, mein Lieber!"
12. Warum sagst du nicht einfach: „Herzlichen Glückwunsch, mein Lieber!"?
13. Wer von euch kennt „Eins, zwei, drei, wer hat den Ball?"?
14. Los, jetzt spielen wir „Fang den Hut!"!
15. Warum spielen wir nicht „Mensch, hau ab!"?

Übung 80

1. Jakob Grimm (1785–1863) gab mit seinem Bruder Wilhelm (1786–1859) die „Kinder- und Hausmärchen" heraus.
2. Martin Luther (1483–1546) hat mit seiner Bibelübersetzung (Neues Testament: 1522, Altes Testament: 1534) und seinen Kirchenliedern (31 davon stehen heute noch im evangelischen Kirchengesangbuch) unsre heutige Sprache, das Neuhochdeutsche, schaffen und verbreiten helfen.
3. Zur indogermanischen Völkerfamilie gehören nahezu alle Europäer: die Romanen (Franzosen, Spanier, Italiener, Portugiesen, Rumänen und Rätoromanen), die Kelten (Iren, Bretonen und andere), die Germanen (Deutsche, Skandinavier, Niederländer und Engländer), die Slawen (Russen, Polen, Tschechen u.a.).
4. In Wegfall kommen (Papierdt.; besser: wegfallen).
5. Der Jazz (er ist zum Hören, nicht zum Tanzen bestimmt) entwickelte sich . . .
6. Bei der staatlichen Klassenlotterie werden die Lose (es gibt ganze, halbe, Viertel- und Achtellose) in mehreren Ziehungen gezogen.
7. Alle Lotteriegewinne sind bei Privatpersonen steuerfrei (Betriebe unterliegen der Steuerpflicht).
8. . . . Die Wettmöglichkeiten sind: Siegwette (das gesetzte Pferd

muß gewinnen), Platzwette (das gesetzte Pferd muß den ersten
oder zweiten Platz erreichen), Einlaufwette (der Wettende muß
die ersten beiden Pferde richtig voraussagen) und Serienwette
(gilt für sieben Rennen eines Renntages).

Übung 81
1. Die Melodie unsrer Nationalhymne (den Text schrieb Hoffmann
   von Fallersleben) stammt aus dem Kaiserquartett von Joseph
   Haydn.
2. Die Farben Schwarz, Rot und Gold (sie symbolisieren im Laufe
   der Geschichte immer wieder Demokratie, „Einigkeit und Recht
   und Freiheit") gehen auf die Farben der Urburschenschaft von
   1815 zurück.
3. Der Achensee (7,3 km^2) gehört zu den schönsten Seen Nordtirols.
4. Die Zehnerzahlen von 20 bis 90 werden durch Anhängen der
   Nachsilbe -zig (got. tigus = Dekade, Zehnerzahl) gebildet.
5. Kotzebues Lustspiel „Die deutschen Kleinstädter" machte
   Krähwinkel (deutscher Dorfname) bekannt.
6. Seine schlechten Sprachkenntnisse (er ist Chinese und erst zwei
   Jahre in Deutschland) hindern ihn, den Vorlesungen zu folgen.
7. Wegen seines schlechten Gesundheitszustandes (er ist rheumakrank) kann er nicht mehr Auto fahren.
8. Bei unsrer dreitägigen Studienreise zahlt das Jugendwerk die
   Kosten der Busreise, die Hotelkosten (unter „Hotelkosten" sind
   nur die Kosten für Übernachtung und Frühstück zu verstehen)
   und die Eintrittsgelder.
9. Apfelwein (er hat 5−6 % Alkohol) ist mit Wasser gemischt für
   viele ein erfrischendes, schmackhaftes Getränk.
10. Am 16. Juni (Montag in 14 Tagen) fährt unsere Arbeits-
    gruppe . . .
11. Mein Wagen (VW-Passat) ist jetzt 120 000 Kilometer einwand-
    frei gefahren.
12. Die Wahrheit des englischen Sprichworts „Good Hock keeps off
    the doc" (Guter Hochheimer hält den Arzt fern) sollte man nicht
    unbedingt erproben.
13. Homberg (früher Hohenberg) ist ein Weinlagenname im Rhein-
    gau.

Übung 82
1. Unsre Nationalhymne (Text Hoffmann von Fallersleben

[1798−1874], Melodie Joseph Haydn [1732−1809]) beginnt mit den Worten: ...

2. Zehn Monate (4. Mai 1521 bis 1.[?] März 1522) weilte Luther auf der Wartburg.

3. Der Dichter Bertold Brecht (Dreigroschenoper [1928], Mutter Courage und ihre Kinder [1941], Leben des Galilei [1943], Der gute Mensch von Sezuan [1942], Der kaukasische Kreidekreis [1949]) zeigt in seinem Werk den Menschen in seiner Größe und seinem Elend.

4. Der Expressionismus (frz. expression [Ausdruck]) war eine Kunstrichtung von etwa 1900 bis 1930.

5. Jeder kennt den Frauenhelden Don Juan = Johann (gesprochen Juan oder [span.] Chuan).

6. Der Feuerteufel von Westerland (er soll mindestens dreizehn Brände gelegt haben [unser Blatt berichtete darüber]) hat in seiner Zelle Selbstmord begangen.

7. Mit Radar (Abkürzung für radio detecting and ranging [etwa: Funkermittlung und Entfernungsmessung]) werden Flugzeuge, Schiffe, Küsten u.a. selbst bei Nacht und Nebel geortet.

Übung 83

1. ... verwandt (wozu heute fast unübersehbares Einzelmaterial zusammengetragen wurde).

2. (Es sind Stufenpyramiden mit den charakteristischen Treppen.)

3. (Sie wurden von Adel und Priesterschaft gebildet.)
   (Adel und Priesterschaft bildeten die herrschenden Klassen.)

4. (Sie ist so entwickelt und so kompliziert, daß ihre genaue Darlegung ein eigenes Buch füllen würde.)

5. ... Düngung (außer der spärlichen natürlichen Düngung in der Nähe der Siedlungen).

6. (Dafür fehlt jedes Anzeichen.)

7. (Sie umfaßte das Gebiet von Brügge im Westen bis Thorn im Osten, von Kopenhagen im Norden bis Rom im Süden.)

8. (Sie zieht von Unteritalien nach Rom.)

9. (Er ist nach griechischer Sage ein Riese, der das Himmelsgewölbe trägt.)

10. (Die erste Silbe muß betont werden; wird die zweite Silbe betont, bedeutet das Wort „Kasten" oder „Koffer".)

11. (In griechischer Zeit hieß sie Byzanz, in römischer Konstantinopel.)
12. (Er ist der legendäre Landeplatz der Arche Noah.)
    (Der Legende nach landete auf diesem Berg die Arche Noah.)

Übung 84

1. Wenn auch einzelne Artikel unsrer Verfassung geändert werden können (freilich nur mit qualifizierter Mehrheit), so dürfen ...
2. Da die parlamentarische Mehrheit die Regierung unterstützt, unterstützen muß (kommen die Persönlichkeiten der Regierung doch aus ihren Reihen), ist das Prinzip der Gewaltenteilung modifiziert.
3. Der Militärische Abschirmdienst (MAD), der von Zeit zu Zeit ins Kreuzfeuer der Kritik gerät, ...
4. Das Bundeskriminalamt (kurz BKA genannt), das dem Innenminister untersteht, hilft den Bundesländern ...
5. Der Bundesgrenzschutz (oberster Dienstherr ist der Bundesinnenminister), der keinen militärischen, sondern einen polizeilichen Status besitzt, soll ...
6. Nachdem Napoleon besiegt war (viele Kräfte hatten zu seinem Sturz zusammengewirkt), versuchte Fürst Metternich ...
7. Stefan Zweig (1881−1941), zu dessen literarischem Schaffen Übersetzungen, Gedichte, Erzählungen und historische Miniaturen gehören, zählt zu den brillantesten Stilisten der neueren deutschen Literatur.
8. Kannst du nicht am Wochenende kommen (ich weiß ja, daß du das nicht gerne tust) und meinen Fernseher reparieren?
9. Durch den starken Regen kam Wasser in den Keller (daß diese Gefahr droht, habe ich Ihnen mehrmals gesagt) und hat großen Schaden getan.
10. Obgleich er keinen Pfennig Geld mehr hatte (er war auf einer Bahnhofstoilette überfallen und ausgeraubt worden), setzte er seine Reise fort.

Übung 85

1. Gestern erzählte mir mein Freund (er war niedergeschlagen, wie ich ihn noch nie erlebt hatte): „Wir werden ..."
2. Sie nannten mich wieder einmal (zum wievielten Male schon?) kleinlich und knickerig.
3. Er wollte Offizier werden (hielt er sich nicht schon als Schüler für etwas Besseres?), ohne als Soldat gedient zu haben.

4. Der Franzose Champollion (er lernte als Dreizehnjähriger Arabisch, Syrisch, Chaldäisch und Koptisch und konnte endlich mehr als ein Dutzend alter Sprachen!) entzifferte die altägyptischen Hieroglyphen.

5. Eine Landschaft im Westerwald, in der geschickte Handwerker Tonerde, die man dort findet, zu Steinzeugwaren verarbeiten (München bezieht von dort seine Maßkrüge!), trägt die volkstümliche Bezeichnung „Kannenbäckerland".

6. Auf dem Flohmarkt kaufte ich (ich habe kaum noch gehofft, diese Dinge, die ich schon so lange suche, jemals zu bekommen): ein Bügeleisen, das . . .

7. Unser Nachbar sagte (er sagte es mit Pathos): „Ich bin befördert worden."

8. Da Sie leider nicht zur Aussprache kamen (Sie hatten dem von uns genannten Termin telefonisch ausdrücklich zugestimmt!), muß . . .

9. Während einer Aufführung des hiesigen Amateurtheaters mußte ich wieder an unsren alten Rektor denken (wie hieß er doch gleich?), der Theaterspielen heilsam für die Seele nannte.

10. Ich habe bei meiner Bank einen Kredit aufgenommen (wie hätte ich mir anders helfen sollen?) und hoffe nun, meinen . . .

11. Ich habe mir Geld geliehen (es gab keinen anderen Ausweg für mich!) und hoffe nun, gesund . . .

12. Wir haben folgenden Arbeits- und Trainingsplan aufgestellt (nach so langer Beratung müßte er eigentlich ausgereift sein): Montag: 25 km Wanderung; Dienstag: Referate; Mittwoch: . . .

13. Nun müssen wir (sind wir da nicht wieder übers Ohr gehauen worden?) für jede Lappalie Steuern zahlen.

14. Seite 5 (blättern Sie bitte zweimal um): ein Bild vom diesjährigen Bundespresseball.

15. . . . für ihn war nur eins wichtig (diese Frage bestimmte all sein Reden, sein Tun und sein Lassen): Wie wirke ich auf meine Mitmenschen?

16. Meine Prüfung (wäre sie nur schon vorbei!) beginnt am Dienstag.

17. Sein politisches Engagement sowie sein politisches Talent, beides verbunden mit seinem Ehrgeiz (haben wir das alles nicht schon als Schüler an ihm beobachtet?) ließen ihn jetzt zum Sekretär seiner Partei werden.

18. Vor zwei Jahren habe ich versagt (habe ich das jemals geleugnet?); aber . . .

Übung 86
Entschuldigungsschreiben

1.   Semmeldorf,[2.5] den 12. September 19. . .

2. Sehr geehrte Frau Tausendschön,[2.3]/![6.5]
   am/Am vergangenen Donnerstag,[2.1] Freitag und Samstag war
   meine Tochter Gisela leider verhindert,[2.12] den Unterricht zu besuchen.

3. Kurzfristig mußten wir zu meiner Schwiegermutter,[2.15] Giselas
   Großmutter, fahren,[2.9] die an einer schweren Lungenentzündung
   lebensgefährlich erkrankt ist.
   Deshalb war es uns nicht möglich,[2.12] Sie rechtzeitig zu verständigen.

4. Wir bitten Sie nachträglich,[2.12] Giselas Fehlen zu entschuldigen.

5.   Mit freundlichen Grüßen[1.5]

Übung 87
Reklamation

Karl Krästi   Schnellstadt,[2.5] den 13. Mai 1980
Buchenallee
0000 Schnellstadt

An

Fa. Velociped
Am Weiher 21−27

0000 Trethausen

Reklamation
Meine Bestellung vom 2. März d. J.
Ihre Sendung vom 10. Mai 1980

1. Sehr geehrte Damen und Herren,[2.3]/![6.5]

   das/Das Fahrrad,[2.9] das ich am 2. März dieses Jahres bei Ihnen bestellte,[2.9] ist heute eingetroffen.
2. Leider muß ich Ihnen mitteilen,[2.9] daß der Lack am Schutzblech
   des Vorderrades abgeschabt ist[2.10] und auch das Chrom der Lenkstange Kratzer hat.
3. Ich habe sofort die Güterabfertigung benachrichtigt,[2.9] die aber
   einen Schadenersatz mit der Begründung ablehnt,[2.10.2] daß die
   Verpackung mangelhaft gewesen sei.
4. Den Frachtbrief lege ich Ihnen bei und bitte Sie,[2.12] von dort aus
   weitere Schritte zu unternehmen bzw. mir Schadenersatz zu gewähren.
5. Ich wäre Ihnen dankbar,[2.9] wenn Sie die Sache bald erledigen
   würden,[2.8] und ich hoffe,[2.9] daß Ihnen und mir weiterer Ärger erspart bleibt.
6. Mit freundlichen Grüßen[1.5]

Übung 88

NN   Keulenhagen,[2.5] den 12. April 1980
Bahnhofstr. 5
0000 Keulenhagen

An
Buchhandlung Strip
Krummer Weg 17

0000 Radhausen

Anfrage
Meine Bestellung vom 14. Februar d. J.[1.7]

1. Sehr geehrte Damen,[2.1]
   sehr geehrte Herren,[2.3]/![65]

   am/Am 14. Februar dieses Jahres habe ich Sie schriftlich gebeten,[2.12] mir die Bücher
   Ludwig Schaffer,[2.7] Wie schreibe ich gute Aufsätze?,[5.1] Heft 1−3,
   Auflage 1980, XM Verlag,
   zu schicken.
2. Leider habe ich bis heute weder die Bücher[2.1] noch eine Mitteilung erhalten,[2.9] der ich hätte entnehmen können,[2.10] wann Sie mir
   die Bücher schicken.
3. Ich frage deshalb hiermit bei Ihnen an,[2.9] ob und wann ich die Bücher erhalte.
4. Da es nicht auszuschließen ist,[2.9] daß meine Bestellung verlorenging,[2.10] füge ich eine Ablichtung meines damaligen Schreibens
   bei.
5. Ich bin Ihnen dankbar,[2.9] wenn Sie mir die Bücher bald schik-
   ken,[2.8] denn ich brauche sie dringend.
6. Sollten jedoch die Bücher zur Zeit nicht lieferbar sein,[2.11] bitte ich
   Sie,[2.12] mir das umgehend mitzuteilen.

7. Mit freundlichen Grüßen[1.5]

Übung 89
Graf Helmuth von Moltke schreibt seinem jungen Verwandten
                         Creisau,[2.5] den 22. Oktober 1890
1. Mein lieber Helmuth![6.5]
Ich habe Dir das Geld geschickt,[2.9] damit Du beizeiten lernst,[2.12]
mit Geld umzugehen.

2. Wenn Du den ganzen Betrag in Deinem Sparkassenbuch anlegtest,[2.9] so wärest Du ein Geizhals,[2.8] wenn Du ihn in kurzer Zeit verläppertest,[2.9] so wärest Du ein Verschwender;[3.1] das Richtige liegt in der Mitte.

3. Wenn einem Geld geschenkt wird . . .,[2.9] so ist es gerechtfertigt,[2.12] sich dafür Annehmlichkeiten zu gewähren, aber klug auch,[2.12] etwas für die Zukunft zu sparen.

4. Wie Du mit diesen 20 Mark verfährst,[2.9] so wirst Du einst mit größeren Summen wirtschaften.

5. Wer seine Einnahmen voll ausgibt,[2.9] wird es zu nichts bringen, wer mehr ausgibt,[2.9] wird ein Bettler oder ein Schwindler.

6. Mit herzlichen Grüßen von uns allen Dein Opapa[1.5]

7. Reich wird man nicht von dem Geld,[2.9] das man verdient, sondern von dem,[2.9] das man nicht ausgibt (Henry Ford I.).

Übung 90
Dankbarkeit

1. In der Seeschlacht von Trafalgar,[2.9] während die Kugeln sausten und die Mastbäume krachten,[2.9] fand ein Matrose noch Zeit,[2.12] sich zu kratzen,[2.10] wo es ihn biß,[2.16] nämlich auf dem Kopf.[1]

2. Auf einmal streifte er mit zusammengelegtem Daumen und Zeigefinger bedächtig an einem Haar herab und ließ ein armes Tierlein,[2.9] das er zum Gefangenen gemacht hatte,[2.9] auf den Boden fallen.

3. Aber indem er sich niederbückte,[2.12] um ihm den Garaus zu machen, flog eine feindliche Kanonenkugel ihm über den Rücken weg in das benachbarte Schiff.

4. Den Matrosen ergriff ein dankbares Gefühl,[2.18/2.9] und da er überzeugt war,[2.10] daß er von dieser Kugel wäre zerschmettert worden,[2.10] wenn er sich nicht nach dem Tierlein gebückt hätte, hob er es schonend vom Boden auf und setzte es wieder auf den Kopf.

5. „[8.1]Weil du mir das Leben gerettet hast",[2.9.6] sagte er, „aber laß dich nicht ein zweites Mal erwischen,[2.8] denn ich kenne dich nimmer."

Übung 91
Seltsamer Spazierritt

1. Ein Mann reitet auf seinem Esel nach Haus und läßt seinen Buben zu Fuß nebenher laufen.[1]

2. Kommt ein Wanderer und sagt:[4.1] „[8.1]Das ist nicht recht,[2.3] Vater, daß Ihr reitet und laßt Euren Sohn laufen,[2.8/3.1] Ihr habt stärkere Glieder."[8.6.4]

3. Da stieg der Vater vom Esel herab und ließ den Sohn reiten.[1]

4. Kommt wieder ein Wandersmann und sagt:[4.1] „[8.1]Das ist nicht recht,[2.3] Bursch,[2.9] daß du reitest und läßt deinen Vater zu Fuß gehen.[1]

5. Du hast jüngere Beine."[8.6.4]

6. Da saßen beide auf und ritten eine Strecke.[1]

7. Kommt ein dritter Wandersmann und sagt: „Was ist das für ein Unverstand, zwei Kerle auf einem schwachen Tier![6.6]

8. Sollte man nicht einen Stock nehmen und Euch beide hinabjagen?"[5.2/8.6.3]

9. Da stiegen beide ab und gingen zu Fuß,[2.16] links der Vater,[2.1] rechts der Sohn und in der Mitte der Esel.

10. Kommt ein vierter Wandersmann und sagt: „Ihr seid drei kuriose Gesellen.

11. Ist's nicht genug,[2.9] wenn zwei zu Fuß gehen?[5.1]

12. Geht's nicht leichter,[2.9] wenn einer von Euch reitet?"[5.1/8.6.3]

13. Da band der Vater dem Esel die vorderen Beine,[2.8] und der Sohn band ihm die Hinterbeine zusammen,[2.1] zogen einen starken Pfahl durch,[2.9] der an der Straße stand, und trugen den Esel auf der Achsel heim.

14. So weit kann's kommen,[2.9] wenn man es allen Leuten recht machen will.

Übung 92

1. Einst kamen zu König Salomon,[2.15] dem berühmten und weisen König der Israeliten, zwei Frauen.

2. Die eine begann:[4.1] „[8.1]Herr und König,[2.3] ich gebar neulich einen Sohn.

3. Drei Tage später gebar auch diese Frau einen Sohn.

4. Als sie sich nachts im Schlafe herumwälzte,[2.9] erdrückte sie ihr Kind.

5. Da stand sie leise auf,[2.1] nahm mir meinen Sohn von der Seite und legte mir ihr totes Kind in den Arm.

6. Am Morgen,[2.9] als ich aufstand,[2.12] um meinem Sohn die Brust zu geben, hielt ich das tote Kind im Arm.

7. Doch als ich es beim Licht der Sonne betrachtete,[2.9] da sah ich,[2.11] es war gar nicht mein Sohn,[2.2] sondern ihr Sohn."

8. Darauf erwiderte die andere Frau:[4.1] „[8.1]Wie sie lügt,[2.3] mein König, mein Sohn lebt,[2.8] der ihre ist tot."[8.1]
9. Die erste aber sprach:[4.1] „[8.1]Du bist es,[2.9] die lügt."
10. Der König ließ ein Schwert bringen und sprach:[4.1] „[8.1]Teilt das lebendige Kind in zwei Teile und gebt jeder eine Hälfte des Kindes."
11. Da sprach die Frau,[2.9] deren Sohn lebte, zum König: „Ach nein,[2.3] mein Herr, tötet mein Kind nicht,[2.8] gebt es ihr lebendig."
12. Und sie reichte das Kind der anderen Frau.
13. Der König aber fällte dieses Urteil: „Gebt das Kind dieser lebendig,[2.8] sie ist seine Mutter!"[6.1]

Übung 93
Der Igel und der Hamster

1. Als der Igel spürte,[2.10] daß der Winter sich nahte,[2.9] bat er den Hamster,[2.12] ihm ein Plätzchen in seiner Höhle zu überlassen,[2.10] damit er sich dort gegen die Kälte schützen könne.[1]
2. Der Hamster war es zufrieden,[2.8] und der Igel zog ein.
3. Kaum aber befand sich dieser in seiner neuen Wohnung,[2.9] so machte er es sich bequem und breitete sich aus,[2.9] so daß sich sein Wirt alle Augenblicke an den spitzen Stacheln des neuen Gastes ritzte.
4. Jetzt erst erkannte der arme Hamster,[2.9] daß er einen großen Fehler begangen hatte,[2.18.2] und bat den Igel,[2.12] wieder hinauszugehen,[2.10] da seine Wohnung für sie beide zu klein sei.
5. Aber der Igel lachte und sprach:[4.1] „[8.1] Wem es hier nicht gefällt,[2.9] der kann ja anderswohin ziehen;[2.8/3.1] ich für meine Person bin wohl zufrieden und bleibe."

Übung 94
Der Fuchs und der Rabe

1. Ein Rabe,[2.9] der einen Käse gefunden hatte, flog damit auf einen Baum,[2.12] um ihn hier zu verzehren.[1]
2. Dies bemerkte ein Fuchs,[2.18/2.9] und weil er Lust auf den Käse hatte, versuchte er,[2.12] den Raben zu übertölpeln.
3. Er schlich hinzu und sprach:[4.1] „[8.1] O Rabe,[2.3] du bist doch ein schöner Vogel![6.1]
4. Dein Gefieder glänzt wie die Federn des Adlers,[2.8] sonst aber hat kein Vogel so schöne Federn,[2.2.2] wie du hast.

5. Ist deine Stimme auch so schön,[2.11] dann bist du der vollkommenste Vogel der Welt."
6. Den Raben kitzelte dieses Lob,[2.8] er wollte sich noch mehr her-
ausstreichen und fing an zu krächzen.
7. Als er den Schnabel auftat,[2.9] entfiel ihm der Käse.
8. Der Fuchs sprang hinzu,[2.1] schnappte ihn auf,[2.1] verschlang ihn
und lachte den törichten Raben aus.
9. Da merkte der Rabe,[2.9] daß alle die süßen Worte des Fuchses nur
aus List und Untreue gesprochen waren,[2.18.2] und er bereute,[2.9]
was er getan.

Übung 95
Die Wette
1. Fünf Tage waren erst seit Koljas Ankunft vergangen,[2.8] und die
Knaben hatten schon viel miteinander gespielt und manchen
dummen Streich gemacht.[1]
2. Da schlug Kolja vor,[2.9.7] er werde sich in der Nacht,[2.10] wenn der
Elfuhrzug komme, zwischen die Schienen legen,[2.10] während der
Zug mit vollem Dampfe über ihn herfahre.
3. Es hatte sich allerdings an toten Gegenständen schon erwiesen,[2.9] daß man sich so zwischen die Schienen legen könne,[2.10]
daß der fahrende Zug den Liegenden nicht berühren werde.
4. Man lachte über Kolja und nannte ihn einen lügnerischen Prahl-
hans,[2.9] wodurch er aber nur noch mehr angestachelt wurde.
5. Er behauptete steif und fest,[2.9.7] er werde liegenbleiben.
6. Da beschlossen die Knaben,[2.12] sich am Abend an einer bestimmten Stelle zu treffen.
7. Zu der ausgemachten Zeit versammelten sich die Knaben,[2.8] und
Kolja legte sich zwischen die Schienen.
8. Die übrigen,[2.9] die gewettet hatten, warteten bebenden Herzens
unten am Bahndamm.
9. Da donnerte in der Ferne der Zug heran,[2.9] der die Station verlassen hatte;[3.1] er kam heran und brauste vorüber.
10. Die Knaben stürzten zu Kolja hin,[2.9] der unbeweglich und wie
tot dalag.
11. Plötzlich erhob er sich und ging schweigend den Bahndamm hin-
unter.
12. Dann erklärte er,[2.9.7] er habe absichtlich wie tot dagelegen,[2.12]
um sie zu erschrecken.
13. Die Wahrheit war aber die,[2.9] daß er tatsächlich die Besinnung

verloren hatte,[2.10] was er auch später eingestand,[2.16] aber nur einem einzigen Menschen,[2.16] und zwar seiner Mutter.

14. Sein Ruf,[2.12] ein verwegener Bursche zu sein, war für alle Zeiten gefestigt.

Übung 96
Welche Rechte hat der Radfahrer auf dem Radweg?

1. Radwege sind selten,[2.9] doch wo sie vorhanden sind, so schreibt die Straßenverkehrsordnung vor,[2.9] müssen sie auch benutzt werden.[1]

2. Auf Radwegen dürfen nur Verkehrsteilnehmer fahren,[2.9] die ihr Zweirad mit Muskelkraft oder mit einem Hilfsmotor (Mofa)[9.1] antreiben.

3. Radwege müssen selbst dann benutzt werden,[2.9] wenn sie sich auf der gegenüberliegenden Straßenseite befinden.

4. Parkende Autos,[2.1] Schlaglöcher, Straßeneinbrüche oder Glasscherben,[2.9] die eine Benutzung des Radwegs unzumutbar machen, sieht die Polizei jedoch als ausreichende Gründe an,[2.12] kurzfristig den Radweg zu verlassen.

5. Grundsätzlich gilt,[2.9] daß Radfahrer auf den für sie ausgeschilderten Sonderwegen ebenso hintereinander fahren müssen wie auf der Straße auch.

6. Ausnahme:[4.3] Wenn sie den Verkehr nicht behindern,[2.9] dürfen sie nebeneinander fahren.

7. Freihändigfahren ist auf Radwegen ebenso verboten wie auf der Straße.

8. Wer dennoch freihändig fährt und erwischt wird,[2.9] muß einige Mark Verwarnungsgeld bezahlen.

9. Radfahrer,[2.9] die,[2.12] ohne ihre Fahrtrichtung zu ändern, eine Kreuzung auf einem Radweg überqueren,[2.9] haben gegenüber dem rechtsabbiegenden Verkehr Vorfahrt,[2.9] falls dies nicht durch eine Ampel anders geregelt ist.

10. Es ist verboten,[2.12] auf dem Bürgersteig zu radeln.

11. Eltern verletzen ihre Aufsichtspflicht,[2.9] wenn sie ihr Kind auf dem Bürgersteig radfahren lassen.

12. Allerdings wurde von einem Gericht auch gesagt,[2.9.7] auf breitem Trottoir sei Radfahren zulässig,[2.10] wenn der Autoverkehr keine andere Möglichkeit zuließe.

13. Hier wird der Not gehorcht,[2.2] nicht dem Gesetz,[2.8] und Polizei und Rechtsprechung drücken in solchen Fällen meist ein Auge zu.

Übung 97
Bundespräsident Scheel sagte 1975 von unserm Grundgesetz:
1. . . . Die Väter des Grundgesetzes fragten sich,[2.9] wie es zu Hitler kommen konnte,[2.10.1] wo die Schwächen der Weimarer Verfassung lagen,[2.10] wie es möglich war,[2.10] daß ein großes Kulturvolk in die Hände eines Diktators fallen konnte.[1]
2. Sie befragten die besten Verfassungen der Welt,[2.9] wie Freiheit und Recht am besten zu schützen seien.
3. Dieses Grundgesetz,[2.9] das wir schufen, ist geboren aus den Leiden und Verirrungen deutscher Geschichte.
4. Dieses Grundgesetz ist eine zutiefst deutsche Verfassung.
5. Solange dieses Grundgesetz lebendig bleibt,[2.10] solange sich Volk und Staat an die Werte halten,[2.10] die in den Grundrechtsartikeln stehen, solange wir bereit sind,[2.12] für diese Werte nach innen und nach außen einzutreten −[7.4] so lange erfüllen wir,[2.15] die Bürger dieses Staates, unsre Verantwortung vor der uns folgenden Generation,[2.12] ihr einen Rechtsstaat zu hinterlassen,[2.9] der zu den freiheitlichsten und sozialsten unsrer Welt gehört.
6. Wir,[2.15] die Bürger, müssen uns kümmern.
7. Dies freilich ist nötig.
8. Wenn sie nicht vom Volk getragen wird,[2.9] ist auch die beste Verfassung nur ein Stück Papier.
9. Es ist entscheidend für die Bundesrepublik Deutschland,[2.9] daß jeder Bürger in diesem Lande ganz genau weiß,[2.10] was er verlieren würde,[2.10] wenn das Grundgesetz ihn nicht mehr schützt.

Übung 98
Große Forscher
1. Ferdinand de Magellan,[2.15] ein portugiesischer Seefahrer in spanischen Diensten, war 1519 mit fünf spanischen Schiffen von Spanien aus losgesegelt,[2.12] um einen Weg in westlicher Richtung zu den Molukken,[2.15] den Gewürzinseln, zu suchen.
2. Auf seiner Reise,[2.9] die drei Jahre dauerte, durchfuhr Magellan als erster die Meeresstraße zwischen Feuerland und der Südspitze Südamerikas,[2.9] die später nach ihm benannt wurde.
3. Magellan war es jedoch nicht vergönnt,[2.12] den erfolgreichen Ausgang seines gewagten Unternehmens zu erleben. 1521 starb er im Kampf mit Eingeborenen auf den Philippinen.
4. Nach seinem Tod setzte sein Schiff,[2.15] die Victoria, die abenteuerliche Fahrt zu den Molukken fort.

5. Nachdem hier wieder die Anker gelichtet worden waren,[2.9] segelten die wagemutigen Seefahrer um das Kap der Guten Hoffnung,[2.15] die Südspitze Afrikas, herum und trafen 1522 wieder in Spanien ein.

6. Sie vollendeten damit die erste Weltumseglung,[2.9] womit erwiesen war,[2.10] daß die Erde eine Kugel ist.

7. (Aus: „Gib acht", Nr. 9, 1969 und Heft 4, 1971.)

Übung 99
Datumsgrenze

1. Als Elkano 1522 die von Magellan begonnene erste Weltumseglung beendet hatte,[2.9] stellte man bei seiner Ankunft in Spanien fest,[2.9] daß das Datum im Schiffstagebuch nicht mit dem Kalenderdatum in Spanien übereinstimmte.[1]

2. Nachdem man eine Zeitlang hin und her überlegt hatte,[2.9] wie die zeitliche Unstimmigkeit zu erklären sei,[2.9] wurde die Lösung gefunden.

3. Das Schiff hatte die Erde in westlicher Richtung,[2.16] d. h. entgegen der Erdumdrehung, umfahren.

4. Das Schiff war gleichsam mit der Sonne gefahren,[2.16] d. h., sein Tag war etwas länger,[2.9] weil die Sonne etwas länger bei ihm war als auf jedem festen Punkt der Erde.

5. Da jede östlich gelegene Zeitzone gegenüber der westlichen um eine Zeitstunde voraus ist,[2.9] hatte das Schiff beim Durchfahren von 24 Zeitzonen 24 Stunden,[2.16] d. h. einen Tag,[2.16] verloren.

6. Fährt man dagegen von W nach O um die Erde,[2.11] gewinnt das Schiffstagebuch am Ende einen Tag,[2.9] weil jeder Tag der Reise etwas kürzer wird,[2.8] fährt man doch der Sonne entgegen.

7. Um diese Differenz auszugleichen,[2.12] schuf man die Datumsgrenze,[2.9] die im Pazifischen Ozean in 180 Grad verläuft.

8. Beim Passieren der Datumsgrenze wird bei der Fahrt nach Osten der Tag gedoppelt,[2.8] bei der Reise nach Westen ein Tag übersprungen

9. (Harms, Handbuch der Geographie, Physische Geographie und Nachbarwissenschaften, List Verlag, München, Auflage 1976.)[2.7]

Übung 100
900 Meter unter dem Meeresspiegel

1. Um die Fauna der mittleren Wasserschicht zu studieren,[2.12] ließ sich der US-amerikanische Tiefseebiologe W. Beebe rund 900 Meter tief ins Meer hinabbringen.

2. Er tat dies in einer drucksicheren,[2.1] hermetisch abgeschlossenen Stahlkugel,[2.9] die Fenster aus Quarzglas hatte,[2.10] weil Quarzglas besonders klar,[2.1] lichtdurchlässig und stabil ist.

3. Beebe erzählt:[4.1] „[8.1]Im Innern der Kugel vergaß man,[2.9] daß viele Tonnen Druck gegen uns herandrängten,[2.10] die mit jedem Meter,[2.10] das wir tiefer gingen, noch anschwollen.

4. In der Tiefe um 200 Meter schauten wir durch die Fenster in das Dunkel unter uns,[2.9] als ein Lichtblitz unser Auge traf.

5. Er kam unerwartet,[2.8] und einen Augenblick war ich sprachlos.

6. Von dieser Tiefe an sahen wir unausgesetzt Lichter,[2.16] manchmal einzeln und ständig leuchtend oder auf- und abblitzend,[2.2] manchmal in Gruppen,[2.9] die sich entlang bewegten,[2.12] ohne den Abstand zu verändern, ein Zeichen,[2.9] daß sie zu einem einzigen Tier gehörten.

7. Ein andermal glitten Lichter unabhängig voneinander vorüber,[2.8] es waren also verschiedene Fische einer Schule.

8. Manche dieser Lichter hoben sich aus den Hunderten,[2.9] die ich sah, heraus.

9. Zwei gespenstisch grüne Lichter,[2.9] denen ein undeutlicher,[2.1] farbloser, keilförmiger Leib folgte, leuchteten nahe dem Fenster auf,[2.9] durch das ich schaute.

10. Dreißig Minuten in dieser Tiefe ließen mich fast das Atmen vergessen,[2.8] so viel Aufregendes gab es zu sehen."

11. (William Beebe,[2.7] 923 Meter unter dem Meeresspiegel, Eberhard Brockhaus Verlag, Wiesbaden 1952.)

12. Weitere Bücher zur Tiefseeforschung:[4.2]

13. Hans Petterson Göteborg,[2.7] Rätsel der Tiefsee, A. Francke Verlag, Bern 1948, Sammlung Dalp.

14. Derselbe: Über unerforschte Tiefen, Biederstein Vlg., München 1954.

Übung 101
Hier ist Vorsicht geboten

1. Wir können nicht sehen oder hören,[2.9] ob durch einen Draht elektrischer Strom fließt,[2.8] aber wir können es,[2.9] wenn der Strom stark genug ist, spüren,[2.16] unter Umständen sogar schmerzhaft spüren.

2. Daran erkennen wir,[2.9] daß der menschliche Körper Strom leitet.

3. Elektrischer Strom,[2.9] der durch den menschlichen Körper geht,[2.9] ist gefährlich.

4. Versuche und bittere Erfahrungen belehren uns,[2.9] daß sich die

Leitfähigkeit erhöht,[2.9] wenn die Haut an den Berührstellen naß ist.

5. Dies erklärt,[2.9] warum Unfälle mit Elektrizität besonders schwer sind,[2.9] wenn Feuchtigkeit im Spiel ist.

6. Daraus folgt als Vorsichtsmaßnahme,[2.9] daß man nicht mit elektrischen Geräten umgehen darf,[2.10] wenn man naß ist,[2.10] wenn man auf feuchtem Boden steht oder in der Badewanne sitzt.

7. Hat man mit elektrischen Geräten zu arbeiten,[2.11] muß man sich immer wieder überzeugen,[2.9] daß ihre Isolation in Ordnung ist.

8. Gehen wir mit der Elektrizität verständnisvoll,[2.1] vorsichtig und verantwortungsbewußt um,[2.11] leistet sie uns nützliche Dienste.

Übung 102
Wissen wir, was elektrischer Strom ist?

1. Wollen wir die Frage beantworten,[2.10] was elektrischer Strom ist, müssen wir etwas vom Aufbau des Atoms wissen.[1]

2. Jedes Atom,[2.15] der kleinste Teil eines Elements,[2.15] besteht aus einem Kern,[2.9] der positiv geladen ist, und Neutronen,[2.9] die negativ geladen sind.

3. Die Elektronen der einzelnen Elemente unterscheiden sich nicht,[2.8] die Atomkerne aber sind verschieden.

4. Auch ist die Anzahl der Elektronen,[2.9] die den Atomkern umkreisen,[2.9] bei den einzelnen Elementen verschieden groß.

5. Wie sich die Planeten um die Sonne bewegen,[2.9] so eilen, sehr vereinfacht dargestellt,[2.13] die Elektronen auf bestimmten Bahnen mit ungeheurer Geschwindigkeit um die Atomkerne.

6. Die Elektronen können ihre Bahn nicht verlassen,[2.8] denn sie werden vom positiven Kern festgehalten,[2.16] d.h.,[2.16] der Kern bildet mit seinen Elektronen gewissermaßen einen festen Verband.

7. Eine Ausnahme machen die elektrischen Leiter;[3] bei ihren Atomen finden sich sogenannte freie Elektronen;[3] das sind Elektronen,[2.9] die nicht fest an den Atomkern gebunden sind.

8. Der Generator,[2.15] die Stromerzeugungsmaschine, erzeugt dadurch Strom,[2.9] daß er mit Hilfe eines Magneten Elektronen in den Leitungsdraht schickt.

9. Nun stößt ein freies Elektron das andere an,[2.16] d.h.,[2.16] die freien Elektronen im Draht werden in Bewegung gesetzt.

10. Der Weg,[2.9] den ein einzelnes Elektron zurücklegt, ist kurz.

11. Dadurch,[2.9] daß die Elektronen durch den Leiter gejagt werden, werden sie unter Druck gesetzt.

12. Wenn ein elektrisches Gerät oder das Licht eingeschaltet wird,[2.9] erhalten die Elektronen die Möglichkeit,[2.12] dem Druck nachzugeben,[2.16] d.h.,[2.16] es fließt Strom.

Übung 103
Zugvögel

1. Wer sagt es den jungen Zugvögeln,[2.9] die zum erstenmal ihre Reise nach dem Süden antreten müssen,[2.10] wann sie die Reise beginnen,[2.10] in welcher Richtung sie ziehen und wann und wo sie sie beenden müssen?[5.2]

2. Soweit junge Zugvögel mit den schon älteren ihre Wanderung nach dem Süden antreten,[2.9] haben sie in den schon erfahrenen,[2.1] älteren Genossen zuverlässige Führer.[1.1]

3. Aber bei vielen Vogelarten wandern die jungen Vögel teils vor,[2.2] teils nach den Eltern weg,[2.16] vielfach sogar ohne jeden Reisegenossen.[1.1]

4. Es besteht wohl kaum ein Zweifel,[2.9] daß Hormonausschüttungen im Vogelkörper den Vogel nervös erregen und ihn gewissermaßen zum Wegfliegen zwingen.[1.1]

5. Wie findet aber der Vogel die Richtung,[2.9] in die er ziehen muß?[5.2]

6. Durch klug ausgedachte Versuche fand man heraus,[2.9] daß sich die Zugvögel bei ihren Wanderungen am Tag nach der Sonne orientieren und bei Nacht nach den Gestirnen.[1.1]

7. Was also die ersten Seefahrer erst mühsam erforschen und lernen mußten,[2.12] um in den Weiten des Meeres den Weg zu finden, das wird den jungen Vögeln schon mit in die Wiege gelegt.[1.1]

8. Sie wissen sofort,[2.9] wer ihnen den Weg weist auf ihrer Wanderung.[1.1]

9. Wenn Sonne oder Sterne durch Wolken verhüllt sind,[2.9] dann verzögern sie ihren Weiterflug,[2.8] oder sie werden unsicher.[1.1]

Übung 104
Erste Begegnung

1. Meine erste kleine Graugans war also auf der Welt,[2.8] und ich wartete,[2.9] bis sie unterm elektrischen Heizkissen,[2.10] das den wärmenden Bauch der Mama ersetzen mußte, so weit erstarkt war,[2.10] daß sie den Kopf aufrecht zu tragen und ein paar Schrittchen zu gehen imstande war.

2. Den Kopf schiefgestellt,[2.13] sah sie mit großem dunklem Auge zu mir empor.

3. Mit e i n e m Auge, denn wie die meisten Vögel fixiert auch die Graugans,[2.9] will sie etwas genau sehen, einäugig.

4. Lange,[2.1] sehr lange sah mich nun das Gänsekind an.

5. Und als ich eine Bewegung machte und ein kurzes Wort sprach,[2.9] löste sich mit einem Male die gespannte Aufmerksamkeit,[2.8] und die winzige Gans g r ü ß t e .

6. Mit weit vorgestrecktem Hals und durchgedrücktem Nacken sagte sie sehr schnell und vielsilbig den graugänsischen Stimmfühlungslaut,[2.9] der bei kleinen Küken wie ein feines,[2.1] eifriges Wispern klingt.

7. Sie grüßte genau,[2.2] aber auch schon haargenau[,][2.16] wie eine erwachsene Graugans,[2.9/2.18] und wie sie es noch Tausende Male in ihrem Leben tun wird.

Übung 105
Die Milchstraße

1. Unsre Sonne und ihre Trabanten,[2.15] Merkur,[2.1] Venus, Erde, Mars, Jupiter, Saturn, Uranus, Neptun und Pluto,[2.9] die sie ständig umkreisen, gehören zum Milchstraßensystem.

2. Es ist dies eine Anhäufung von ca. 150 Milliarden Sternen,[2.9] die die Form einer bikonvexen Linse oder einer Diskusscheibe hat.

3. Die Ausmaße des Milchstraßensystems wie des gesamten Weltalls,[2.9] von dem wir im nächsten Aufsatz etwas hören, sind unvorstellbar und nicht mehr mit Kilometern auszumessen,[2.2] sondern nur noch mit Lichtjahren.

4. Ein Lichtjahr ist die Strecke,[2.9] die das Licht mit einer Geschwindigkeit von 300 000 km/sec in einem Jahr zurücklegt.

5. Die Angaben über die Ausmaße des Milchstraßensystems schwanken,[2.9] was verständlich ist,[2.10] weil sich solche Entfernungen nicht genau bestimmen lassen.

6. Der Längsdurchmesser wird mit 90 000 bis 100 000 Lichtjahren angegeben,[2.9] während der Höhendurchmesser 15 000 Lichtjahre betragen soll.

7. Unser Sonnensystem liegt am Rande der großen Linse,[2.16] und zwar auf der Längsachse,[2.16] rund 30 000 Lichtjahre vom Mittelpunkt und 50 Lichtjahre von der Mittelebene entfernt.

8. Die ganze Milchstraße rotiert um ihren Mittelpunkt,[2.16] und zwar fährt die Sonne mit 220 km/sec durch den Weltraum.

9. 230 Millionen Jahre braucht die Sonne,[2.9] bis sie einmal herumgefahren ist.

Übung 106
Galaxien

1. Die Milchstraße ist im Weltall nicht das einzige Sternsystem,[2.8] in der Fachsprache heißt es Galaxis,[2.8] es gibt noch andre.

2. Das bekannteste Sternsystem neben der Milchstraße ist der Andromedanebel,[2.9] der am südlichen Sternhimmel zu sehen ist.

3. Das Licht des Andromedanebels ist 2,7 Millionen Jahre unterwegs,[2.9] bis es bei uns ankommt.

4. Es gilt als sicher,[2.9] daß die einzelnen Sternsysteme zusammen wieder ein System bilden,[2.8] man spricht von Supergalaxien.

5. Die uns nächste Supergalaxie,[2.9] die im Sternbild Jungfrau zu suchen ist,[2.9] dürfte 42 Millionen Lichtjahre entfernt sein.

6. Der fernste Spiralnebel,[2.9] der gefunden wurde,[2.9] ist fünf Milliarden Lichtjahre von uns entfernt.

7. Man weiß heute,[2.9] daß die Galaxien sich bewegen,[2.16] und zwar entfernen sie sich alle voneinander.

8. Ein Professor erklärte das einmal so:[4.1] „[8.1]Sie sehen am Modell,[2.9] wie die Galaxien auseinanderstreben und wie sich das Weltall ausdehnt,[2.10] wenn Sie auf einen Luftballon die Sternsysteme als Punkte auftragen und danach den Ballon aufblasen.

9. Ob sich das Weltall wieder zusammenzieht,[2.9] wissen wir nicht."[8.1]

10. Jemand sagte dazu:[4.1] „[8.1]Ich bin kein Astronom,[2.2] sondern ein einfacher Mensch,[2.9] der nicht nur ehrfürchtig steht vor der unfaßbaren Weite und Schönheit des Universums,[2.2] sondern auch die Menschen bewundert,[2.9] die diese Weiten berechnen und erschließen.

11. Doch ich habe eine Frage:[4.3] Wenn das Licht entfernter Sterne Jahrzehnte,[2.1] Jahrhunderte, Jahrtausende und Jahrmillionen braucht,[2.9] bis es zu uns kommt, ist es doch möglich,[2.9] daß die Sterne,[2.10] deren Licht wir auffangen, gar nicht mehr da sind.

12. Woher wissen die Astronomen,[2.9] daß die Sterne,[2.10] deren Licht Jahrtausende alt ist, heute noch da sind?[5.1]"

13. Bücher,[2.9] die für die zwei letzten Aufsätze benutzt wurden und in denen noch mehr steht:

14. Aschenbrenner, Klaus:[2.7] Blick zu den Sternen, ein astronomisches Taschenbuch, Otto Salle Verlag, Frankfurt/Main 1962.

15. Brunner,[2.7] William: Die Welt der Sterne, Physica Verlag, Würzburg 1959.

16. Hoss, Norman: Die Sterne, ein Was-ist-was-Buch, Bd. 6, Neuer Tessloff Verlag, Hamburg.

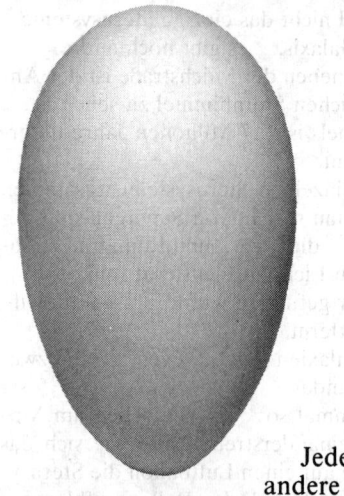

DER SICHERE WEG,

EINFACH MEHR ZU WISSEN.

Wann heißt es »mahlen«, wann »malen«? Was meint der Arzt mit »Placebo«, was der Chef mit »Placet«? Wann schreibt man nach dem Doppelpunkt groß, wann klein? Die DUDEN-Taschenbücher helfen überall dort, wo Sie schnell und zuverlässig Antwort auf Ihre Fragen suchen. DUDEN-Taschenbücher. Die praxisnahen Helfer für (fast) alle Fälle: Komma, Punkt und alle anderen Satzzeichen · Wie sagt man noch? · Die Regeln der deutschen Rechtschreibung · Lexikon der Vornamen · Satz- und Korrekturanweisungen · Wann schreibt man groß, wann schreibt man klein? · Wie schreibt man gutes Deutsch? · Wie sagt man in Österreich? · Wie gebraucht man Fremdwörter richtig? · Wie sagt der Arzt? · Wörterbuch der Abkürzungen · mahlen oder malen? · Fehlerfreies Deutsch · Wie sagt man anderswo? · Leicht verwechselbare Wörter · Wie verfaßt man wissenschaftliche Arbeiten? Wie sagt man in der Schweiz? · Wörter und Wendungen · Jiddisches Wörterbuch.

DUDEN TASCHENBÜCHER

Komma, Punkt und alle anderen Satzzeichen
Mit umfangreicher Beispielsammlung

Wie sagt man noch?	Die Regeln der deutschen Rechtschreibung	Lexikon der Vornamen	Satz- und Korrekturanweisungen	Wie schreibt man groß, wann schreibt man klein?	Wie schreibt man gutes Deutsch?	Wie sagt man in Österreich?	Wie gebraucht man Fremdwörter richtig?	Wie sagt der Arzt?	Wörterbuch der Abkürzungen	mahlen oder malen?	Fehlerfreies Deutsch	Wie sagt man anderswo?	Leicht verwechselbare Wörter	Wie verfaßt man wissenschaftliche Arbeiten?	Wie sagt man in der Schweiz?	Wörter und Gegenwörter	Jiddisches Wörterbuch

| DT 2 | DT 3 | DT 4 | DT 5 | DT 6 | DT 7 | DT 8 | DT 9 | DT 10 | DT 11 | DT 13 | DT 14 | DT 15 | DT 17 | DT 21 | DT 22 | DT 23 | DT 24 |

DUDENVERLAG
Mannheim · Leipzig · Wien · Zürich